工廠叢書⑧⑧

豐田現場管理技巧

朱偉明　編著

憲業企管顧問有限公司　　發行

《豐田現場管理技巧》

序　言

2007年，豐田公司迎來了自己的創業70周年慶典，同時，也以950萬台的年產量超越通用汽車，榮登汽車製造業「世界第一」的寶座。

最近十年間，豐田汽車一直保持著每年倍增的生產速度。全球27個國家的53家工廠以每3秒鐘下線1台汽車的速度生產著，這些汽車中的72%以上都銷往170多個國家，無論是在那個國家，都可以看見豐田汽車的靚麗身影。

源自於日本的豐田公司早就實現了「地域性」的突破。如今的豐田汽車已經邁出日本、走向全球，有人問「豐田為什麼能夠成為世界第一」，其實，並沒有什麼特別的答案。我們只是在每天的工作中一點一滴地積累，堅持現實現場、客戶至上的原則，盡最大努力為客戶提供優質的產品，結果就很自然地發展到了現在。

豐田最終確立了自己獨特的生產方法，與福特批量生產的方式截然不同。關於豐田生產方式，簡單地說，就是減少中間流程的成本及庫存，按照「準時制生產」的要求去組織零件和產品，通過徹底地清除「浪費」去實現成本的縮減。

美國著名的麻省理工大學曾組成專門的研究小組，來研究這種獨特的豐田生產方式。之後，他們將研究的成果形成了理論體系並出版成《改變世界的機器》(The Machine that Changed the World)一書。

許多世界各國的經營管理者參加豐田生產方式研討會或工廠考察團等，返廠後就自行推動豐田生產方式。然而不幸的是，95%都失敗，甚至衍生出負效果，例如投資浪費，庫存增加和員工離職等。這些經營者就把失敗的責任，歸究於衛星工廠的技術能力不夠、品質太差和彈性不足、員工的素質太差、工作意願太低和忠誠度不夠、幹部工程師的不負責、能力太差等等。因而認為，在像日本的社會環境、企業體質和國民性等之下推行豐田生產方式才能成功。

其實，豐田生產方式是一種生產「技術」，是一種科學性、可理解、可複製且放諸四海者，例如工業工程的動作分析、工時分析和作業研究等，這些在世界各地都可適用。

本書是對製造業現場生產問題的防患未然的解說書。就像書名所表現的那樣，本書是顧問師授課教材、率團訪問豐田汽車公司、平日輔導工廠的工作經驗為基礎，精心編寫而成，是豐田汽車公司工作過程中總結心得出來的實施技巧，對從事各類工廠現場作業的管理，有重要的參考價值。

2013 年 11 月

《豐田現場管理技巧》

目　錄

第七章　豐田的現場準時生產 / 111

第八章　豐田工廠的看板管理與目視管理 / 124

第九章　豐田公司的提案改善活動 / 153

第十章　豐田的現場防呆技術 / 166

第十一章　豐田如何持續改善現場 / 176

第十二章　豐田的人才養成機制 / 200

第十六章　豐田汽車的現場標準作業 / 281

第十七章　汽車業減低工時的技巧 / 293

第一章

豐田生產方式的發展形態

1 生產方式的發展

從工業經濟到目前為止，製造業的生產方式經歷了一個從手工生產、批量生產到精益生產的演變過程，如圖所示。

1. 單件手工生產

從工業革命誕生到 20 世紀初，都是以單件手工生產為主。這種生產方式採用的設備、工具都非常簡單，就好像鐵匠鋪一把錘子、一個砧子就可以生產了，這種生產方式現在在偏遠農村還可以找到。它的操作者都擁有非常精湛的技術，並且可以根據客戶的需求隨意更改。

圖 1-1-1 社會生產方式的演變

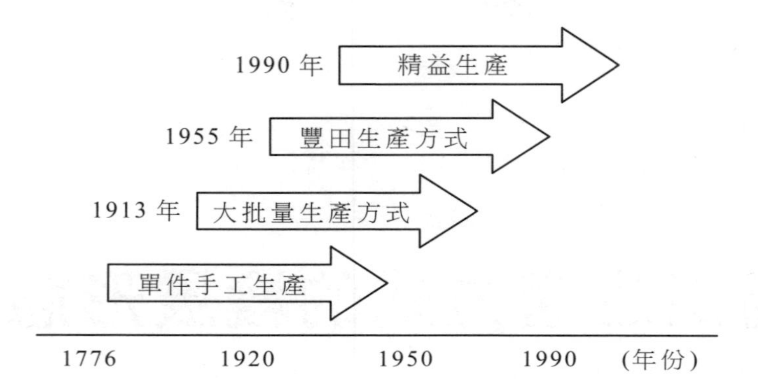

在這種生產方式下，單件生產的企業往往直接根據客戶的需求進行專門設計和生產。

這種生產方式在工業化初期非常盛行，主要因為其所需的管理非常簡單。單件生產的企業規模大都很小，通常只有幾十個人。很多工人本身就是業主，沒有明確的分工，生產也很分散，不需要嚴密的生產企業和管理溝通；同時，這種沒有多少規範的產品製造也能夠較好地迎合客戶的個性化需求，因為在單件生產方式下變更產品是一件很容易的事情。單件生產方式的特徵是：

(1)汽車產量極低，每年不超過 1000 輛。只有極少數汽車(最多不超過 50 輛)是按同一設計方案製作的。然而即使在按同一設計方案製作的 50 輛汽車中，也沒有兩輛是完全相同的，因為單件生產的技術必然導致各種差異。

(2)生產效率低，成本高，產品製造週期長。生產的設備一般都比較簡單，且生產條件比較落後，而且也沒有標準，生產效率低，必然造成產品成本增加，產品製造週期長。

⑶產品品質不易保證。這種沒有嚴密企業管理的生產，產品品質的好壞往往取決於生產者的技術，工人的技藝不同，造成產品品質有很大的差異。

⑷充分尊重客戶的需求。單件生產企業雖然規模不大，但是它可以充分利用自身貼近需求、靈活應變的能力，最大程度地滿足客戶。這往往是企業做大後容易喪失的品質。

單件生產方式的特徵：

單件生產方式在工業化初期，因為其較低的工業化門檻，催生了一大批從手工業轉化而來的工廠。這些規模小而數量龐大的工廠在競爭中快速成長，很快培育了一批批適應工業發展的新興產業。大量產業的聚集和分化，逐步形成工業經濟發展所必需的工業體系。這是單件生產做出的巨大歷史貢獻。

由於單件生產效率低下的固有弱點，單件生產越來越不適應工業發展的要求。隨著市場需求的增長和工業規模的發展，這種高度依賴少數人的工業生產越來越力不從心，必須將工廠從少數人員的協作轉變為大量人員的協作，從而滿足規模和效率的要求。

從少數人員協作轉變為大量人員的協作，僅依靠增加每個人工作內容和協作方式的複雜性顯然不科學，單件生產對個人的要求已經很高了。實現大量人員協作的辦法就是將複雜的工作進行分解，這就使專業分工從單件小批生產中發展起來了。

分工帶來的一個新問題就是如何有效協調經分解後的工作能夠符合整體的要求。這個新問題的實質就是現代企業管理的源頭，工業生產逐漸形成專門的管理隊伍，並誕生了新興的學科——企業管理。

2. 大量生產

20 世紀初期，當時的製造業生產方式以手工單件生產為主。由於生產效率低、生產週期長，導致產品價格居高不下。人們對產品有需求卻無力購買，最後致使許多作坊和工廠面臨倒閉的危機。第二次工業革命以後，隨著機器的全面普及使用，機器漸漸代替人力成為生產製造的主要方式，從而大大促進了生產力的發展，提高了生產率。大量生產方式就在這種背景下應運而生。大量生產是工業發展史上的一次重大變革，它標誌著現代工業的真正開始。現在看來，沒有批量生產，就不會有工業。但在當時，大量生產方式卻經歷了一段艱難的探索過程。

大量生產方式是指大規模地生產單一品種的生產方式。這種生產方式具有以下基本特徵：穩定的需求；巨大、統一的市場；低成本、穩定的品質、標準產品和服務；產品開發週期長；產品生命週期長。

在消費需求旺盛、商品相對供應不足的時代，企業生產的產品品種單一，透過大批量生產就可達到降低成本的目的。一旦成本得到降低，企業就可以進一步擴大生產規模，形成「大批量－低成本」的循環模式。因此，傳統生產方式實際上是一種「以量取勝」的生產方式。

大量生產方式的優勢能實現規模經濟和降低產品成本，但它只適用於單品種、穩定的市場需求，而一旦市場的需求出現多樣化、特殊化和不穩定時，由於生產規模龐大、大量採用專用設備、專業化分工等原因，企業很難快速調整，以適應市場變化的需要。因此，大量生產方式對於多品種小批量生產就很難發揮它的優勢。

19 世紀中葉，美國製造業已具有勞動分工、零件的互換性和專用機器等特點，已具備了大量生產方式的雛形。但直到亨利· 福特(Henry Ford)發明了 T 型車，大量生產方式才真正形成。

首先，要實現批量生產，就必須讓所有的零件標準統一，而且非常方便地相互連接，這就是所謂的零件互換性。1908 年，經過 5 年多近 20 次的改進設計，福特公司終於推出了 T 型車。於是福特決定每個裝配工人只承擔一項單一的工作，在裝配工廠內來回走動，依次對每輛汽車進行組裝。1913 年 8 月，在移動裝配線推出之前，福特公司的一個裝配工的平均工作週期已經由手工生產時的 514 分鐘減少為 2.3 分鐘。

隨後福特又發現了工人從一個裝配工位到另一個工位存在走動的問題，即使只走一兩米，也要浪費時間，而且由於有的工人操作較快，而有的工人操作較慢，往往造成庫存。1913 年，福特在新廠房裏又有了一個新的創舉，就是裝設了移動的總裝線。工人們站在一個地方，不必走動，總裝線將汽車直接送到他們的面前。這一革新使工作週期又從 2.3 分鐘縮短為 1.9 分鐘。1914 年福特把生產線調整到與工人腰一樣高，減少了彎腰的動作，使工作週期又進一步降到 1.19 分鐘。裝配節拍的縮短使得生產率大幅度提高，而且生產的汽車越多，每輛汽車的成本降低得越多。

零件互換性和流水線的出現，為大量生產方式奠定了堅實的基礎，同時也帶動了勞動力、企業結構、產品開發、生產裝備等一系列的巨大變革。與大量生產相適應，企業實行最大限度的分工，工廠採用非熟練或半熟練的工人，而且幾乎不需要溝通，工人容易替換。當然，分工同時帶來了企業的分化，工廠成立了各種各樣的職能部門，出現了專業的設計人員和專門的管理人員。根據大量生產需要，生產裝備採用高效率的專用設備，產品型號單一，生產線固定。與單件生產相比，流水線生產產量大、效率高、成本低。

得益於在大量生產方面的領先地位，福特公司很快將競爭對手遠遠甩在後面。到 20 世紀 20 年代初，福特公司同一個車型的最高產量達到 200 萬輛，市場佔有率超過 40%。同時，由於經驗曲線的作用，福特公司的成本隨著產量的增加快速下降，1908 年，福特 T 型車的價格為 850 美元，到 1916 年降到 360 美元。

3.豐田生產方式

豐田生產方式是由豐田公司的第一任總經理豐田喜一郎根據日本的市場需求創造出來的，豐田公司原總經理大野耐一在將近 20 年的摸爬滾打中得以完善的生產方式。

第二次世界大戰之後，日本經濟蕭條，物資匱乏，缺少技術，生產效率低，日本製造業當時的生產效率只有美國製造業的 1/9～1/8。日本要發展汽車產業，但是又不可能全面引進美國成套設備來生產汽車，因此也就無法照搬美國的大量生產方式。那麼日本怎樣建立自己的汽車工業呢？豐田人發現，日本的社會文化背景與美國是大不相同的。當時日本的國情有以下幾個特點：

日本的國內市場很小，而需要的汽車種類卻很複雜，包括政府官員用的豪華汽車、將貨物送往市場的大型載貨汽車、供日本農民使用的小型載貨汽車、適用於日本城市擁擠而能源價格昂貴的小型汽車。

日本本土的勞動力，正如豐田公司和其他公司很快就發現的那樣，不願意再被當作可變成本來對待或是被任意更換。更有甚者，新勞工法大大地助長了工人們在談判僱用待遇方面的有利地位，資方裁減僱員受到了嚴格的限制，公司的工會代表全體僱員與資方交涉的地位大為加強。公司的工會利用了他們的力量代表每一個僱員，不分藍領工人和白領職員，爭取到在基本薪資之外以獎金的方式分得公司的一部份利潤。

經歷了戰爭摧殘的日本經濟缺乏資金和外匯。這意味著不可能大量地購買西方的最新生產技術。

世界上已經充斥了生產規模巨大的汽車製造公司，他們都渴望在日本開展經營，並決意防止日本向他們已經佔領的市場出口。

豐田開始了製造汽車的探索和實踐。豐田公司逐步形成了新的生產方式，初期被稱為大野式管理，在 1962 年才被正式命名為豐田生產方式(Toyota Production System，TPS)，但豐田生產方式真正引起製造業的關注出現在 1973 年的石油危機以後，1974 年豐田汽車公司向外正式公佈了豐田生產方式。自此，經過了幾十年的努力完善和不斷改進，終於形成了如今世界著名的豐田生產方式。

豐田生產方式的發展，主要得益於豐田佐吉、豐田喜一郎和大野耐一等三個主要人物。

豐田佐吉(1867-1903)是豐田公司的奠基者，被譽為日本的發明王和世界的發明王。19 世紀，豐田公司生產織布機。1902 年，豐田佐吉發明了自動紡織機，在成千上萬的織線中無論是經線還是緯線，只要有一根斷了，自動織布機就會立即自動停下來，他的發明打開了自動紡織業的大門，使一名工人同時看管多台機器，並可使設備在發生故障時自動報警停機。「自動化」就是保證產品 100%

高品質思想在豐田生產方式中的具體體現。

豐田喜一郎(1894-1952)是豐田佐吉的長子。20 世紀 30 年代，豐田開始建立汽車製造廠，豐田喜一郎赴美學習亨利· 福特的生產製造系統，他把福特的傳送帶技術在日本的小規模汽車生產中加以改造應用，提出了在生產線的各個工序中，只在下道工序需要時上道工序才進行生產，這就奠定了準時制生產的基礎。

大野耐一(1912-1990)，在豐田英二(豐田喜一郎的侄子)領導時期，他概括出了豐田生產方式的完整體系。20 世紀 50 年代，美國的超級市場給了他很大的啟迪，並由此發明了拉動式生產系統，同時開發了一系列工具使得豐田生產方式得以實施，最著名的工具是看板。

2 導入豐田生產方式的效果

1. 改善經營績效

豐田生產方式的導入，會使企業的面貌產生很大的變化，與此同時在成本、品質和交付等方面也取得驚人的成效。

隨著豐田生產方式的導入，成本、品質、庫存等眾多項目得到絕對的改善。由於人、庫存和設備有關的浪費徹底消除，生產率得到飛躍式的提高，收益大幅度提高。再有就是半成品、成品等盤點資產大大減少，現金流得到改善。

大多數工廠是在經營上陷於危機的時候才開始導入豐田生產方式，僅有部份例外。這些工廠從瀕臨破產的邊緣搖身一變成為績效卓越的工廠。如果不是導入豐田生產方式進行改革，僅依靠小的改善什麼的，能取得這樣大的效果嗎？

不要只把豐田生產方式視作生產現場的改善手法，而是要當作改革的手段在生產相關，甚至整個企業的形態和運營方法上進行展開才能產生這樣巨大的變化。

和傳統生產方式比較，豐田生產方式在經營收支上帶來非常大的改善效果。而且在完全過渡到豐田生產方式後，在各個業務領域進行的改善更加速和充實，經營基礎得到強化。

2.降低成本

成本的降低，是導入豐田生產方式最引人注目的成效之一。這些成效包括生產效率提高後加工費、組裝費的直接減少，或間接產生的庫存、不良品損失費、物流費、生產場地的減少等等效益。這些成效都是豐田生產方式改變傳統生產方式後取得的。

豐田生產方式的導入，提高了各工序的系統化程度和應對變化的能力，企業機器設備更加穩定運行後在傳統生產方式被認為是必要的人、設備、庫存消失了，多餘人員或多餘庫存就會暴露出來，消減量之大可以讓一個瀕臨倒閉邊緣的企業起死回生。

傳統生產方式的現場，不能按時生產出產品來是非常恐怖的事情，通常處理的方法是在滿足交貨期的前提條件下，多安排一些作業人員或機器設備。不僅如此，零件斷貨、設備故障等影響生產的因素很多，為了挽回這些因素造成的損失生產的變動非常大。因此，擁有能對應最大波動的人或設備是普遍現象。尤其是零件斷貨是經常發生的，生產的計劃和安排不是按實際需要出貨的數量來決定，而是看是否有零件或副資材來決定的。

與此相反，在豐田生產方式，零件、副資材和供應商是由與組裝生產線同步運行的定期物流卡車來連接而成為整個物流網的一個組成部份，能夠自律地補充欠料，幾乎不大可能發生零件斷貨的情況。還有透過平均化生產，生產線的機器設備運轉的變動非常小。因此，對應最大波動為前提的人員安排可以消減至平均化生產所需的人員。這一成效非常顯著，所以，10 個人中消減 2～3 個人不是什麼稀罕的事情。

傳統生產方式的現場，針對生產跟不上生產計劃的管理還是可以，相反針對提前於生產計劃的生產則完全是一種放羊式的管理。豐田生產方式看板指示的生產數量生產完成所需時間比較短，作業人員根據所需數量進行生產，完全控制了提前於計劃的生產情況。其結果是剩餘人員和設備被消減，就不會生產過剩。

還有在傳統生產方式中，生產現場生產率提高之後，產生非常多的剩餘人員的原因。交付是由生產部門或生產管理部門控制進度的。於是，當某工序趕不上當天出貨的話，該工序的作業人員比較忙，而其餘的工序完全處於一種放羊狀態，工廠內部產生非常大的浪費。在豐田生產方式按工序行進先後順序行進的連續流動生產中，針對這種情況由在線援助人員予以援助解決，於是生產線的負荷平衡經常處於平均化狀態。

傳統生產方式生產管理人員在現場轉來轉去可以給予工廠的生產率很大影響，而豐田生產方式不同，工廠應有的生產率就那樣展現出來。

再有作為豐田生產方式導入成效之一，透過系統化水準的提高，工廠整體效率的提高、標準作業技能的提高、卓有成效的小型自動化設備使用等，使豐田生產方式特有的改善成為可能，這更加速了成本降低的持續改善。

需要特別注意的一點就是，豐田生產方式所有的生產行為以標準作業的方式有規律地反覆進行，通常情況下容易被忽視的小改善也在生產現場不斷重覆進行，這和整個企業效率的提高是有直接關係的。

隨著豐田生產方式的導入，非生產部門的間接部門人員被大幅度削減。在傳統生產方式之下，生產現場是按生產管理等間接部門的管理、指示來開展各項生產和經營業務的。在豐田生產方式下，通常的生產信息借由物品的流動和看板之類來傳達，生產部門直接就可以完成，不需要間接部門來參與傳遞日常和生產相關的信息。過去零件和產品的交貨都存在問題，其追蹤是很重要的業務，現在豐田生產方式解決了這個問題，已經不需要去管理了。以生產管理或採購等為中心的業務由擔當物流任務的定時物流卡車、工廠內部的豉豆蟲和作業人員等共同分擔。因此，間接部門的業務重心就轉移到新產品引進準備和老產品停產相關的業務上來。這樣的話，可以從過去需要的人員中削減 30%的人員。

一部份人認為豐田生產方式的根本就是追求徹底地消除浪費。但作為導入豐田生產方式的成效就是「浪費正在被消除」，這樣理解才是正確的。

3. 消減庫存

沒有庫存、壓縮庫存的問題，豐田生產方式是有名的，這是豐田生產方式與傳統生產方式不同的機制發揮作用的結果。

在傳統生產方式的工廠，將要生產的數量以月為單位集中安排進行生產。在豐田生產方式，物品搬運週期例如在工廠內為 30 分鐘或在工廠外部為 1 天的話，每次搬運的量就是在該搬運週期內前工序已經生產出來的數量或工廠銷售給客戶的數量，因此庫存量已經被消減到最低限度了。

還有為了防止工廠運轉的波動，採取了一系列措施：以盡可能小的批量進行生產、將生產作業予以標準化、縮短從零件到組裝到銷售整個週期(Lead Time)等。正是因為如此，在整個物流網上必要的數量是傳統生產方式若干分之一的程度。

在傳統生產方式，正是因為有成品庫存和半成品庫存等這些影響生產效率提高的因素存在，要提高生產效率就沒有積極的意義。

然而在豐田生產方式，物品的流動構成物流，整個物流形成一個系統的同時，還起著攜帶生產信息媒體的重要作用。

換句話說庫存的急劇減少到只有停滯庫存，也即是在豐田生產方式中・為了整個系統正常運作而必需的所謂標準工位庫存。例如一個月週轉一次的庫存，至少要週轉 3～4 次以上。因此豐田生產方式，沒有壓縮庫存或消減庫存，而是除了標準工位庫存以外就沒有什麼庫存。

豐田生產方式往往又被說成是零庫存的生產方式，雖說是零庫存，但「後工序的領取」不傳導開去的話，豐田生產方式就不能形成。

4.改善品質

不用特別地為品質改善做一些什麼事情，隨著豐田生產方式的推進，生產率的改善、物品減少，這些成效產生的連鎖效應是不良品率大幅度降低。

還有與生產現場作業相關的不良品幾乎不會產生。例如，一天要生產 500 台電器產品，過去每月接近 20 件的作業不良品的流出就可以得到控制，因為已經具有徹底保證品質的功能，在實現市場要求的嚴格的品質水準方面極其有效。

3 豐田生產方式的特徵及運營方法

1. 為了創造利潤而消除消費的體系

企業的最大目的之一就是創造利潤，因此降低成本的「成本主義」是必不可少的。原因為商品的價格是由市場確定的，靠操控價格來創造利潤的可能性極小，還有材料和零件的採購價格也是由市場來確定的，降低採購成本的可能性也極小。所以，最可能降低成本的就是消除現場的浪費，此外別無他法了。豐田的目的之一就是「透過徹底地消除浪費來降低成本」。

豐田汽車公司認為製造方法可以改變成本，好好地運用智慧就會降低成本。

所謂浪費就是不產生附加價值的動作、物品、場地、設備等對經營活動有害而應該消除的東西。公認尤其常見的浪費是生產過剩、搬運、庫存、不良品等。

2. 全公司的 IE 活動跟經營直接地連結

世上沒有適合於某種製品或某種工程的「製造法」的公式，所以，有一些公司以一個人製造一項貨品，另外一些公司以兩個人製造同樣的一項貨品。而對於製造法漠不關心的公司可能會以三個人製造相同的一件貨品。

遇到這種場合，以三個人製造同一項貨品的公司，一定有倉庫、搬運用具、輸送帶、搬運台，以及眾多的設備。同時，間接的人工費用也會跟著增大。如此一來，成本會漲高到將近一倍，利益方面將有很大的差別。

如此看來，在舉行企業經營時 IE(產業工學)會發出很大的影響力。沒有充分講究產業工學的企業，就仿佛建立於沙堆的樓閣一般岌岌可危。豐田生產方式以「能夠賺錢的產業工學一為口號，把 IE 視為對業績有貢獻的東西，把提高生產的活動，扎實地安置在企業經營裏面。

為了使跟生產有關的全部門展開有效率的運行起見，豐田對於生產方式採取如下的想法。

⑴生產計劃必需均衡化

只考慮到最後裝配工程的話，把同一種的東西集中整理似乎比較有效率，但是，卻會使前工程部門多發生浪費。

⑵單位數量儘量小一些

像壓縮機等以單位數量生產的工程最好儘量變小。因為，不僅庫存品會增多，使搬運工數增加，有時甚至會弄錯優先順序，送出劣級製品，以致被認為壓縮機能力不足，而波及生產線的增設。以小的單位數量生產時，為了避免發生能力降低的現象，在改善工程段落的變更方面，必需使用一點心思。

⑶徹底貫徹於必要時，製造必要的東西於必要量

目的在於抑制製造過多的浪費，並且使現有的餘力明顯化。

3. 創造變化的機制

沒有改革和改善就沒有進步和發展，浪費也就不可能消除。正是因為有了改革和改善，也即是創造變化本身，才可能達到豐田生產方式創造利潤的目的。

改革就是現場創新的操作方法，還有就是體系的導入，例如導入到目前為止沒有一人操作多台機器的或多個工序的作業、看板等，有改革就會有阻力。豐田生產方式就需要能夠克服這些阻力的指導者或推行者。

無論 JIT(準時化)生產還是自動化都要經常予以改善，改善的內容多而且還要成為系統化的改善。一時的改善是沒有意義的，要持續地進行改善才有意義。因此，就有必要找到有能力的人，為改善而扎實地建立起教育培訓體系，在整個企業範圍內開展系統的改善活動。

在豐田生產方式中，作為現場監督者的班組長、工長等主要的工作就是改善。把他們納入改善的體系，才被認為是改善已經系統化了。同時，現場監督者也必須重視現場新進的一般人員的能力提升。提升方式是透過提案制度和 QC 品管圈、工作輪換等方式進行的。

4. 聯繫的體系

豐田生產方式重視聯繫同時也重視協調。聯繫的要素有人、資材、零件、設備、場所、信息等經營資源。豐田生產方式重視的聯

繫是作業和信息，其中最為重視的是人與人的聯繫、下屬和上司的聯繫、生產現場和其他部門的聯繫、勞資的聯繫、協力廠商的聯繫。不單是聯繫，而且還是相互信任的聯繫，是協調的相互信任的聯繫。

人與人之間的聯繫，以各種人際關係的情誼最為重要，確保家族主義的聯繫。沒有這些聯繫就不可能有省力化、省人化和彈性人員配置。尤其是以減少人為目的的省人化改善就可能得不到配合。

勞資關係的協調對豐田生產方式來講是不可或缺的。多功能化、多工序作業、轉職、相互幫助作業等如果沒有工會的支持就會顯得困難。現場監督者中有大部份是工會的幹部，有了他們的協調，勞資的關係就會協調，並且相互信賴。

還有協力廠商的配合對豐田生產方式來說是必不可少的。看板的導入如果沒有協力廠商的配合是不行的。在豐田和協力廠商之間使用看板的同時，還必須讓協力廠商滿足豐田 Q(品質)、C(成本)、D(交付)的要求。為此，在協力廠商中不僅要導入看板方式，而且要導入整個豐田生產方式並使之生根。從這個意義上講和協力廠商建立相互信任的關係，取得他們的配合是必不可少的。

5.品質保證和成本管理的體系

對豐田部門職能研究的結果顯示，品質保證和成本管理職能是最需要的。

在豐田生產方式中，一般來講品質保證功能是靠自動化，成本管理功能是靠 JIT(準時化)生產來完成的。當然為了達到這個目的，各種各樣的活動、方法、機制也是必要的。

雖然品質和成本的大部份是在產品企劃、開發和設計階段就決定了的，但這裏強調的是有必要從高層管理層的視角再次提出來。

所以豐田就有了跨職能會議、跨職能管理系統等豐田生產方式延伸的企業。這種會議通常由負責各職能的董事參加，是一個橫跨職能部門的會議。

6.改善和標準化的體系

標準化是指物或信息、制度或行動的標準化。看板的樣式也發生變化、現在看板大都使用電子看板。這就是看板的標準化和改善，看板運用方式的標準化和改善。同樣的道理，如果是零件、作業、物流的時候也應該是如此。

作業人員、現場監督者在日常的工作中明顯感到有問題或困難的時候就會進行改善，改善了明天就是標準，這就是豐田生產方式。豐田生產方式的改善首先是從作業入手，其次是設備，最後是工序的順序進行的。工序改善是需要技術員支援的。

重要的是改善是「不可逆轉」的，例如作業的時間比原先的標準時間慢，或者變得不重視標準時間等都是不允許的。工時的改善是要看經濟性的。

用簡潔的話來描述豐田生產方式的話，豐田生產方式就是「發現問題→運行或者停止作業→改善→標準化→運行或者停止作業」這樣一種將改善循環無限次輪回地實施的一個體系。

7.重視各種各樣變化的耐應

對豐田生產方式來講，變化也是生產過程中常有的事，如果沒有變化，在大多數情況下會被認為是異常的，即有人為操作因素的可能性。

實際上在生產現場不僅有交貨期和數量的變化，而且還有生產條件的各種變化。針對這些變化，豐田有很多具體的對應手段。這也是豐田生產方式的一個很重要的特徵。

針對變化最基本的對應方式是，首先要在工廠內建立能夠運用自如地控制所有生產工序的企業，由這些企業來消化變動。

企業整個物流網的貫通、後工序領取看板及其使用、物流線路的縮短和簡化、生產週期(Lead Time)的縮短等正好就是針對變化的對策。

不需要保有庫存，將工廠改造成能隨市場先機而連動的工廠，進而力求在運營上進行改善，不讓來自市場的變化直接影響到生產工序，這是在導入豐田生產方式的時候最重要的對應變化的方法。要切實地做好這一點，更要時常注意物流線路的縮短和簡化上下工夫和大幅度縮短物品加工的生產週期(Lead Time)。平均化生產就是在對應各種各樣變化的前提下，不讓外部的變化波及到生產工序的具體方法。

8. 透過消減庫存來暴露問題

談到豐田生產方式就容易想起只是一味地降低庫存。庫存的降低直接關係到利息費用的減少，這是營業外費用，不會降低生產成本。

借消減庫存來使製造現場的所有問題暴露出來，再透過實施改善活動使製造過程中各種浪費產生的成本得以消減，這就使製造成本降低了。例如，不良品的製造成本消除了，加工方法、動作、庫存和搬運的浪費就不會有，製造勞務費就會減少。

要降低製造成本，減少現場人員也是必不可少的。這在豐田生產方式是生產勞務費(人工成本)的降低。

9. 整個企業範圍內的 IE 活動和經營直接相關

沒有適合於任何產品的任何工序的這樣一個「物的製造方法」公式。於是某企業用一個人生產一種產品，其他企業用兩個人生產這種產品，也許還有對生產方法漠不關心的企業會用三個人生產這種產品。在這種情況下，用三個人生產的企業的倉庫、搬運工具、託盤、傳送帶、甚至設備大概都很多，相應的間接人工成本就會增加，成本多一倍利潤就會產生很大差異。

像這樣去思考的話，IE 對企業的經營是有很大影響的。沒有充分實施 IE 的企業，恰似建築在沙上的樓閣一般。豐田生產方式提出「賺錢的 IE」的口號，提高生產的活動被作為有助於提高經營業績的 IE，在企業經營活動中佔有重要的地位。涉及生產的所有部門作為一個整體，為了使其更有效率地運營，在生產方式上採取的思考方法如下：

⑴將生產計劃平均化

如果僅僅考慮最終組裝工序的話，同一種型號的車集中起來生產的話看上去更有效率，但是其前面的工序產生的浪費就會增加。

⑵批量盡可能地縮小

衝壓等批量生產的部門也要盡可能地縮小批量進行生產。要不然的話，不僅增加集中搬運庫存的工時，而且不時弄錯生產的先後順序造成組裝工序組裝零件不足，這樣會讓人產生衝壓工序產能不足的錯誤判斷，恐怕還會考慮再增設一條生產線。為了使在進行小批量生產時產能不致降低，就必須努力去對換模換線進行改善。

⑶徹底貫徹 JIT(準時化)生產

在需要的時候生產所需數量的所需產品，這樣有助於控制生產過剩的浪費，其目的是將現有生產的餘力清楚地展示出來。

10.更重視事實的科學態度

在現場必需以實際的現象為起點，再回溯到原因，解決這個問題。例如看了再多的資料，也很難根據它把握現場的實際情形。有不良製品出來時，再看資料的話，講求對策已嫌太遲。為此，抓不住產生不良製品的真正原因，防止再生的對策就產生不了效果。唯有在現場的人，才能夠確實把握現場的真正情況，即使產生不良品也可以當場料正，抓住真正的原因，即刻採取對策。因此，以豐田生產方式來說，關於現場方面數據固然重要，但是最重視者還是事實。

當發生問題時，如果不能充分確定原因，對策往往不能達到核心。因此，豐田把 5W1H 的 5W，都以「何故」(Why)更換，重覆「何故」,「何故」五次。到了第六次才提出「該怎麼辦(How)。如此這般，必需迫出潛伏於原因的真因，才能夠解決問題。

為了貫徹這種做法，豐田採取下面的想法。

⑴使每一個人都瞭解問題的所在

只要瞭解問題，採取對策就容易。較令人頭痛的是看不出問題所在。為此，他們驅使「告示牌」以及「警示燈」。

⑵使解決問題的目的明顯化

抓住真正的原因解決它。真因的追求不充分時，講求的對策只不過是暫定的對策，不能防止問題的再生。

⑶只有一個不良製品也要講求對策

就算是一千遍才發生一次，如果是事實的話，也不難追究真正的原因，自然就可以防止不良產品的再度出現。因為它此頻度高的不良產品更不易被發現，因此，必需特別注意，千萬別讓它蒙混過去。

11.必需是實踐性的工數減低活動

第一，其手法必需是階梯性。雖然目標放置得很高，實施方面最好以階梯式進行。另外一點，就是要非常的重視結果。由此可產生如下的想法。

(1)從作業改善到設備改善

進行改善時，首先要徹底的改善作業，再轉移到設備的改善。豐田一直在強調這一點。作業改善本來就有相當的效果，在不十分改善作業之下，就算投入高價的自動機械，如果跟徹底改善作業的場合比較，只能達到相同程度效果的話，這表示耗費於設備投資的金額，全部白白浪費掉。

(2)工數與人(口)數，省力化與省人化

在計算方面來說，所謂的工數可用 0.1 或者 0.5 人工來表示。不過在現實方面來說，就算是 0.1 人工的工作也需要一個人。因此，把一人的工作減掉 0.9 人工，結果還是無法減低成本。真正的成本減低，必需減少人數(或者口數)方能夠達成。所以，欲改善工數的話，必需把焦點對準人數。

尤其是導入自動化裝置之際，縱然能夠省下 0.9 的人工，如果還殘留 0.1 人工的話，很可能演變成花了錢卻無法減少人員的地步。有不少廠商稱此為省力化，不過，以豐田生產方式來說，只稱呼跟減低成本有關的人數減低為「省人化」，以此表示跟「省力化」有所區別。

(3)核對也就是反省

著手改善完畢時，也就是能獲得結果的時候。如果是作業沒有妥善完成，那就無法獲得結果。最好在現場確認實施的結果，再把不妥之處改良，再度證實：如此重覆幾次以後才能夠獲得良好的結果。

這正好意味著——所謂的核對，並非只看一下而已，而必需藉此反省自己的工作。

12.「經濟性」為所有判斷的基準

工數低減活動的目的就是減低成本。因此，所有的基本想法必需以「如何做在經濟方面比較有利」為尺度。實際上的想法有以下幾種。

圖 1-3-1　豐田的成本管理

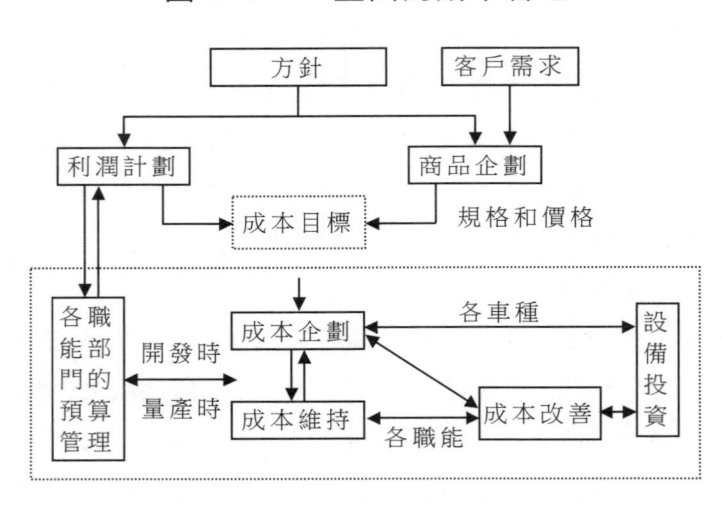

⑴設備的運轉率以生產必要數決定

雖然設備的運轉率越高越理想，然而，每天製造沒有必要貨品的話，所造成的損失，將遙遙的超過運轉率所帶來的利益。可見，只以提高運轉率為基準是很危險的一件事。不管如何，設備、機械的轉動率必需以生產必要數為基準，這一點是絕對不能忽視的。

⑵有餘力的話不妨練習「改變工程階段」的種種事

對於沒有被指定在某時間內完成工作的作業者，不管是閒遊或者做「改善工程階段」的練習，薪資都一樣。正因為如此，時間方面有餘裕時，不妨從事工數比較多的「改變工程階段」的練習，或者就自己在作業方面的弱點，重覆的訓練，以便熟練於標準作業。

13.現場才是主角

我們且把現場看成一個有機體。現場並非把頭腦委給管理部門的手足。現場永遠是主角。因此，工程部必需是現場的指揮官。最重要的是重視現場的自律作用。為此，工程部必需協助現場的不足部份，以免責任分散，情報不足，或者過多。

心得欄 ------------------------------

第二章

豐田汽車的生產現場自動化

1 從超級市場方式獲得啟發

不管是那一家公司，凡是組成所謂的生產計劃，都是對準「合乎時機」這四個字，也就是說有計劃的進行工作，以便消除不必要的工作，並排除浪費、不均衡、不合理，達到提高生產效率的目的。

1945～1954 年的豐田，生產計劃通常在月初就擬好，可是到了月半零件才能到齊，至於裝配時，已經到了所謂的月末集中生產，就循著如此方式完成次月的計劃。

正因為處於這種狀態，就算裝配人員不斷的加油，一個月裏每 10 個人才能製造一輛汽車。在這個時候，大野耐一開始超級市場的研究，他開始思考超級市場的結構是否能實際的應用於機械工廠。

所謂超級市場，是一種特別的制度。它使顧客能夠應著家族構成、冰箱容量以及購買幾天份量的計劃，從棚架上取出自己需要的量以及種類，放入籃子裏，在出口部付錢後帶回家。

大野耐一注意到這種制度——帶回必要量的必要物（購買）——也許可應用於生產方面。以日本「送貨到家」的方式來說，向壽司店要求送壽司到家時，往往會感覺到只叫一人份實在過意不去，以致在沒有必要之下叫兩人；或是向酒店或青菜店叫貨時，基於叫太少不好意思之下，往往多叫了目前不必要之物，以致多花錢購買不必要之物。像超級市場一般，顧客主動的在必要時購買必要之物的話，那就不必購買自己不需要之物。

「合乎時機」這一句話，雖然是第一代社長的豐田喜一郎所想到，可是向它挑戰，創造出今日豐田生產方式者，正是大野耐一氏。

聽到零件必需在合乎時機下收集的說法，這是叫人感到興趣盎然的一句話，可是在實際上並沒有人如此做。是否有什麼妙法把「合乎時機」做到盡善盡美的境地。從相反的方向來說，那一句話意味著——當你必要時，可搬走你的必要物與必要量，簡單的說，就是把搬運的系統倒轉過來。

任何的公司向來只要前工程部門完成製品，就會把製品搬到後工程部門。在這種場合之下，後工程部門被當成中間倉庫，反正，東西做好就得放置在那兒，想要的話，就在需要時，儘量的去取需要的份量吧！就以這種的想法，把搬運的工作委託給後工程部門。

既然後工程部門有需要時，就會到前工程部門把東西搬走，必需再製造被搬走的份量。如此的做法，將使中間倉庫的存在成為多餘，反正做好的東西放置在那兒，待沒有地方放置時就必需停止製造。

如果說人員太多，機械以及設備有餘裕，任他們閒蕩太可惜，而不斷製造的話，將沒有放置的地方。所以，做好的東西最好放置於現場，待被搬走以後再補充就可以。在這種情形之下，可用眼睛判斷狀況。作業員可以看出自己是被趕著工作，或者是時間上有餘裕。雖然有材料，但是製造成製品的話根本就沒有地方可放置，碰到這種狀況人員只好閑著。在這種情況下，監督者以及作業員本身都會感覺到人員似乎太多，以致在人員的配置方面也顯得比較容易。由此看來，把搬運工程倒過來的做法，可以充作「合平時機」的實際作法，效果方面似乎也非常好。

2 要使生產線停下來

通常，在進行生產線作業的場合，生產線是很難停止下來的。因為一旦停止生產線，在瞬間就會使生產量確實下降。因此，監督者不敢冒然嘗試。以豐田來說，實際上並非很想停止它而使它停下來。

但是，豐田的生產線時常停頓。雖說是停頓，實際停的時間只有數秒而已，這是因為要使它成為不停止的生產，所以才使它停止。

以下有一個實例，往昔有一位生產線監督者 A，此人不管在任何情況下都不使生產線停止。右外一條生產線監督者 B 卻不吝於停止生產線。B 先生不忌諱生產線的停止，以致他監督的 B 生產線動不動就要停，使得計劃等混亂不堪，生產的汽車輛數也減少。生產線停止當然是有很多的問題，關於其原因直接操作的作業員自然明白，可是監督的 B 先生幾乎不瞭解。

也就是說，使生產線停止即能夠使問題所在明顯化。然後把這些問題一個接一個的解決。相反的，A 生產線的 A 先生卻認為就算一時性的使生產線停止，還是會導致能率的降低，對公司會造成損害，以致始終不肯讓部下把生產線停下來。想不到經過了三個月以後，AB 兩個生產線的實績大幅度逆轉了過來。

換一個角度來說，使生產線暫時的停止，目的無非是想製造更為理想更為強力的生產線。因為使生產線停止時，監督者都得覺悟蒙受損失，因此，他必需拼命而根本地解決問題不可。

不能說「把生產線停下來」的監督者，以及在相同原因下停止生產線兩三次的監督者，兩者都是不及格的監督者。

「不會停止下來的生產線，不是非常卓越的生產線，就是相當壞的生產線。」我們應該再三品味這一句話。

3 要由後工程部去領取

像汽車一般由幾萬個零件所組成的製品，如果把所有的工程集合起來的話，其數目是非常龐大的。如果欲使其龐大工程的生產計劃一絲不亂得配合合乎時機的狀態，在沒有生產計劃變更下，欲達成所期望的目的，那是辦不到的。

生產計劃被變更的主要原因，有市場的變化，以及生產方面的各種原因。基於這些原因前工程部發生問題的話，後工程部就會發生缺乏物品，不管喜歡或者不喜歡，非得變更計劃，或者暫時把生產線停了下來。

假使無視於這種現狀，仍然對各工程部門下生產計劃的話，將跟後工程部門無關係之下產生零件，以致一方面缺乏物品，一方面卻把不要的零件堆積如山。從計劃變更所叢生的各種管理工數是莫大的東西，單是指示、調整的重覆就很困難。就算能夠管理，收使、細數、防銹等的工數就夠人瞧了，將變成現場的浪費巢窟。

更糟糕的是，在各生產線無法區別正常與異常，以致異常的處理太遲；或者由於現實方面的人員太多，東西製造得過多，本來能夠改善，結果卻受到了計劃的妨礙。這些因素互相料纏使現場不斷的發生浪費，甚至會導致企業經營惡化的原因。

如果能夠把必要之物在必要時，供給各工程部必要量的話，就可以把前述的浪費從現場消除，改善的情形自然能夠更進一步。為此，不宜採取對各工程部指示生產計劃，以及從前工程部門搬運東西到後工程部門的管理方法。也就是說，在不明了後工程部門何時需要多少量的東西之下，往往會導致送必要以上數量的結果。又如：在沒有必要時製造必要以上的東西，沒有必要時，供給後工程部門零件的話，不但會使現場混亂，甚至會使生產效率變壞。

在這種情況下，產生了倒轉的主意，萌生了後工程部門前往取貨的想法。從前工程部門把仿好的東西送到後工程部門的方式，改變為後工程部有必要時，方才到前工程部門取來必要的東西，前工程部門再製造被取走的分量。只要改變成這種方式，使零件流動，各種問題都可以迎及而解。

這也等於說，製造工程的最後為總裝配線。因此，只要以此為出發點，只對裝配線指示生產計劃，叫他們在必要時生產必要的車種於必要量，如此他們就會到前工程部門取在裝配線使用掉的各種零件。就如此這般，把製造工程向前倒著走，連粗材料的準備部門也連鎖地同期化，以滿足合乎時機的條件，憑此也可以極度的減少管理工事。

在這時，被用於領取零件以為製造指示者也就是所謂的「告示牌」。憑利用告示板的方式，方能夠使合平時機的生產變成圓滑，並能夠大幅度的排除現場的浪費，使生產管理最接近於理想狀態。而且，生產線也可以建立起柔軟性，自然就可以防止浪費的發生。

 自動化要附帶有「人智」

豐田生產方式的另外一根棟樑為所謂的附有人智的自動化。只要按下開關就能自動操作的機械很多，尤其是最近的機械變成了高性能，不然就是高速化，以致稍為發生異常的場合，例如異材混入以後，往往會使機械設備以及模型破損，一旦鐵屑積存過多，或者工具折損後，不良製品就會成千成百的被製造出來，終於堆積如山。機械設備以及模型破損以致製造出不良產品，這實在不能算是在工作或者在做事。同時，為了避免機械設備以及模型破損，製造出不良產品起見，必需叫一個人在旁邊監視。這種的自動化絕對創造不了好的效率。因此，豐田對於此種的自動化特別的謹慎。

豐田一向認為沒有附帶「人智」的自動化是要不得的。要搞自動化必需附帶有「人智」才行。沒有附帶「人智」的自動化機械幾乎每一個廠商都擁有。所謂附帶「人智」的自動化，簡單地說，就是遇到有不良產品出現時，自動停止裝置會發生作用。當加工完畢，或者有不良產品出現時，如果沒有自動停止裝置的話將使產品一團糟。不良產品生產太多實在不堪設想，為了防止不良產品大量被生產，一定要有防止作用的裝置。

這個所謂附帶有「人智」的自動，很可能是豐田所創造出來的，原來豐田創業者的豐田佐吉發明了附帶有「人智」的自動織布機。織布有種種的規格，例如幾寸四方之中經絲以及緯絲各為幾條者為某種的布匹等等，每種布匹都有它的規格。只缺少一條經絲或者緯絲都會成為不良產品。

豐田生產的附帶有「人智」的織布機，每逢經絲或者緯絲斷掉時，機械就會立刻停止，自然就不致於製造不良產品。附帶有「人智」的織布機，有了不良產品出來時，機械就會當場停下來。所以，自從發明了這種織布機以後，一名女工就可以使用數十部的織布機，而且能夠以相當高的速度操作，跟此種織布機未被發明以前使用腳踏的操作方式比較，生產性已經提高了數十倍甚至數百倍。

如果把這種方式應用到汽車零件製造方面的話，只要附帶有「人智」，就不難把所謂勞動的生產性提高幾十倍甚至幾百倍。對於已經購買不附帶有「人智」的自動機械，都叫作業員把他們的智慧加入該機械。如果把買回來的機械原本的派上用場，那個作業場所就等於沒有智慧的傢伙在操縱。所以，一直在強調所謂的自動一定要加入「人智」。

時至今日，豐田已經是世界頂尖級的汽車製造廠商，自從 1937 年創立以來，不斷跟歐美的汽車先進企業展開競爭。為了迎頭趕上，豐田深感設備自動化的必要，因此從 1955 年到 1965 年之間，大幅度的實施自動化作業。想不到在自動化的結果下，不但人手沒有預期中的頃少，在極端的場合，反而在排滿了自動機械的生產線，還得一台一台地配置監視人員。既然變成如此，根本就稱不上什麼自動機械，甚至跟用手操縱的機械沒什麼兩樣。

這件事顯示，附帶有「人智」的自動化才是最重要的。所謂「自動化」的第一步，並非單指機械自動地加工而已，而是有了任何異常時，機械能夠感覺到，再自動地停止，這才是最重要的。只止於自動機是不夠的，沒有附有人智的自動機是派不了用場的。因此，不管是新的或者是舊的機械，必需努力於加入「人智」的創意工夫。最好的例子是：固定位置的停止方式、種種的安全裝置、完整的作業體系等等。

這些所謂附有「人智」的自動化的想法，不僅被應用於機械設備方面，更被擴大到裝配線人員在作業的地方，不管是人員、機械以及生產線，只要有異常就會立刻停止的企業，豐田生產方式都總稱它們為「附有人智的自動化」。

在這種場合裏，作業員附有「人智」的自動化的「自」字，乃是指作業者本身，當他正在做的工作，逢到他自己認為是「不良品」或「那樣不行」時，作業者必需立刻使輸送帶停止下來。嚴格的說，每一個作業員都具有生產在線停止按紐的功能，只要認為有些蹊蹺，就必定使生產線停止下來。

心得欄 ------------------------------------

5 生產現場一目了然

關於使生產線停止的作法，必需給每一個作業員停止的按紐，使他們的工作符合於標準作業的方式。在自己的作業區域內工作將近尾聲時，必需按下按紐使生產線停止下來。這是為了防止零件不好而難以安裝，或者零件的安裝有問題，以致影響到作業遲緩，一旦停下來，就可以當場徹底改善。如此做的話，就不致於重覆相同的錯誤，放長眼光來看，停下生產線反而有益。

有鑑於此，豐田的每一條生產線都裝置有叫生產線停止的按紐。一旦生產線添了新的作業員，第一次教他們的事情總是叫停生產線的方法。以某種的原因生產線停下來時，各生產線頭上吊著的電光式表示板就會表示，該生產線的某工程部發生毛病，以致使該生產線停止下來。這種表示板被稱為「警示燈」。

例如某生產線的工程，一旦工程部因一某種原因停止下來的話，警示燈就會亮起來，看到這種情形之後附近的監督者將會立刻趕過來，進行原因的探究以及技術問題的解決。如此這般，只要並用停止按紐以及警示燈，生產線的狀態就可一目了然，名符其實的達到「使用眼睛看的管理」。

6 使用眼睛看的管理

豐田生產方式的最大著眼點在於浪費的排除，但是所謂的「浪費」實在叫人傷腦筋，因為認識某件事是「浪費」實在是很困難的一件事。相比之下，消除浪費的手段，方法都是比較容易的。為此，最重要的一件事，是使每一個人都能夠明顯的看出這種「浪費」。

有一位協力企業的社長愁眉苦臉的對我們說「我因為沒有工作而感到煩惱，請幫一下忙吧！」沒有工作嗎？那實在太糟糕了！為了調查實情，大野副社長以及幾名關係者趕到了協力的工廠。

既然是沒有工作，我們都認為工廠內一定很閒散，情況一定很蕭條。想不到一進入工廠裏，所有的從業員都忙碌得不可開交，機械也 100%在轉動，根本就不像沒有工作的樣子。這到底是怎麼一回事呢？如果協力企業沒有事做的話，豐田必需負起責任，就算社長不提起，我們也應該為他們解決這個問題。當初，我們以為他們真的沒有工作，滿以為社長以下的全體工作人員會愁容滿面地說「請為我們想想辦法吧！」可是，看起來一點也不像沒有工作的樣子。

仔細調查以後，工作量的確少了一點。社長所說的「沒有工作」可能就是指這一點吧！

1. 決定製品及零件的放置場所

決定製品及零件的放置場所，並且明白的表示出來，在告示牌上記載所在的號碼。如此一來，就能夠輕易的看出庫存管理在進行狀況、裝置方面以及搬運作業方面的異常。

2. 生產線停止表示板(警示燈)的設置

如此即可明瞭生產線的可動狀況、設備不完善的地方，以及採取何種對策。

3. 警示燈掛在生產緣上面

如此即可明瞭現在安裝什麼？下一步安裝的準備是否已經在進行？此生產線的負荷狀況是多少？是否需要加班等等。

4. 告示牌的揭示

如此即可明瞭週期時間、程序以及標準的等待時間等。

做到這種地步以後，不僅能夠憑眼睛管理所有的現場，又能夠與自動化(帶有人智)相助相輔。正常時機械能夠轉動，異常時可由作業員進行處置。如此這般，所謂用眼睛看的管理，跟合乎時機與附帶人智的自動化有直接關連，是豐田生產方式中不能忽略的重要手法。

7 現場的異常管理

所謂「XX 管理」的字眼到處都有人使用，所謂管理的真諦到底是什麼呢？或許，那是指牛仔率領著牛群，把它們送到好幾百公里之遙的地方吧？恰如我們在電影中所看到的，僅僅以極少的人數，就把一大群牛由 A 地移動到 B 地一般，是一種相當辛苦的工作。

在平常狀態之下，牛仔不必做什麼事情，只要緊跟著牛群就行，然而，當牛群錯開路線時，牛仔就會騎馬到先頭牛那兒修正軌道。如果有幾頭牛離開群體時，他們就會騎馬到前方把離群的牛拍打幾下，使它們再問到群隊。

如果一頭牛配置一個牛仔，使所有的牛都能夠有板有眼的筆直行進的話，不可能在沙漠中移動好幾百公里。或許牛可能會變成牛仔的食糧，在抵達目的地時，牛仔雖然還健在，但是牛卻被他們吃光了。

所謂的管理，在一切都進行得很順利時，連看也不必看一眼，可是一旦發現了異常，那就得儘快想辦法來解決，這一件事非常的重要。

以遠大的眼光來看所謂管理的話，那麼，它應該是以這種異常為中心的管理，豐田管它叫做「異常管理」。採取異常管理方式的話，管理能力以及管理範圍將無形中增大，以致一個作業員可以管理好幾部的機械，一個組長或班長就可以監視好幾條生產線，雖然工程部的零件管理部有很多的工作，但是他們仍然能夠應付。

心得欄 ____________________________________

第 三 章

豐田如何排除現場浪費

1 豐田的浪費分類

浪費是指超出增值產品價值所必需的絕對最少的物料、機器和人力資源、場地和時間等各種資源的支出。

把日常工作中的作業，可分成浪費作業、純作業和附加作業。

若要詳細認識企業存在的增值和非增值活動，就需要具體解讀一個生產企業過程或生產作業流程，我們會發現生產作業過程的增值部份所佔比重並不多。下面我們透過一個生產作業過程的實戰案例來分析一下企業的增值和非增值活動。圖 3-1-1 中真正增值的部份所佔整個作業過程的比重只是很少一部份，這就為減少或消除浪費環節提供了一個巨大的改善空間。

而傳統的增值能力改善的思路卻與精益的想法背道而馳，往往透過對增值部份的技術分析，判斷技術層面存在那些改造的空間，而在對增值部門的研究和改造中，所能夠改善的空間實質非常狹小。

而對增值和非增值部份的認識以及對浪費的理解需要充分研究企業非增值部門，透過對企業非增值部份的分析和改善，獲取企業改善的巨大空間。

圖 3-1-1　浪費的分析實例

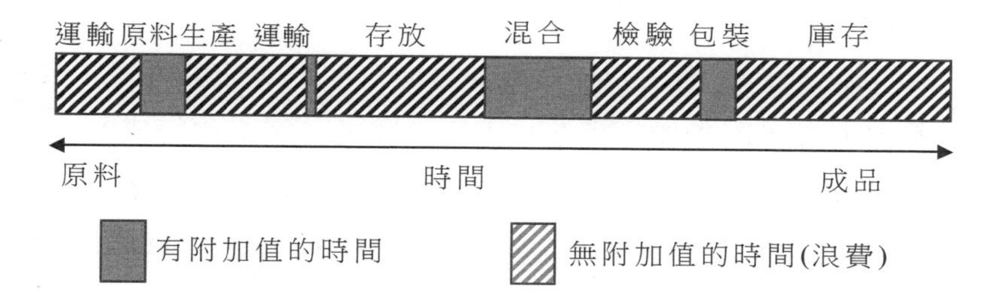

大野耐一認為「減少一成的浪費相當於增加一倍的銷售額」，這句話真可謂至理名言。假設在商品售價中成本佔 90%，利潤為10%，如果一切生產維持現狀，想把利潤提高一倍，那就必須把銷售額增加一倍，這是何等困難的事情。然而從佔商品售價 90%的成本當中消除 10%的浪費因素，就相對容易得多了。所以消除浪費與擴大生產相比，絕不是相當一部份人所認為的捨本逐末，而恰恰是抓住了增加利潤的關鍵。

大野耐一認為企業中存在著難以計數的各種各樣的浪費，他把生產現場的浪費歸納為：生產過剩的浪費、等待的浪費、搬運的浪費、加工本身的浪費、庫存的浪費、動作的浪費、製造不合格品的浪費。

正確認識各種浪費是精益生產的一個重點。只有正確認識並找出浪費才能夠進行改善。

· 浪費作業。只使成本增加而不產生附加價值的作業，是最先需要改善的地方。例如停工等活、搬運東西、尋找工具等。即使是大汗淋漓地搬運了東西，也只是白費力氣做了無用功，這是不值得讚賞的。在加工組裝零件的時候，不僅有純作業時間，還需要花時間去檢查組裝狀況、更換作業、為作業的開始和完成做準備、做一些善後處理。

·純作業。純作業指諸如組裝零件等能夠產生附加價值的作業。

· 附加作業。附加作業指在加工時伴隨純作業必須完成的，但並不增加產品附加價值的動作，例如：取零件、打開包裝紙等。我們必須努力改善不產生附加價值的作業，使其作業時間無限接近零。

心得欄 --

----

2 製造過度是罪惡

豐田生產方式的目標，在於徹底的排除浪費。所謂「廠商的利益就在製造法裏面」，也是表示減少浪費的作業，以圖謀成本的降低。

在普通情形之下，在工作現場最常見者，首推工作的進展過度。本來是應該等待的時間，卻一直做下去，以致生產線的後面以及中間充滿了過多的存放品，一旦非得堆積這些存放品，或者移動它們時，浪費將越來越大。關於這種現象，豐田生產方式稱它為「製造過多的浪費」，認為是在所有的浪費中，必需儘量避免的浪費。

製造過度的浪費，由於能夠掩蓋其他工程的浪費，它所包含的意義跟其他的浪費完全不同。其他的浪費能夠給予改善線索，而製造過度的浪費卻會被掩蓋掉，阻礙下次改善。

因此，勸導工數減低活動的第一步，應該是清除製造過多的浪費。也就是說要整理生產線，再制定不能製造過度的規則，或者實施設備方面的限制。

完成了這些步驟以後，東西的流動才會恢復本來的樣子。如此一來，必需的東西在必要時將會一個接一個的被製造出來，很明顯的，只會剩下「等待」機器作業時的浪費。生產線一旦成為這種狀態，那麼，省掉浪費→作業再分配→減少人員之類的活動就很容易進行。

所謂「等待的浪費」，就是指機械在自動加工時，只能站在機械旁邊照顧機械，雖然想做事，可是由於機械正在運轉，根本就無法揮手其他工作而產生的浪費。

又如，因為前工程部未送零件來，以致無法作業的場合，當然也會產生等待的浪費。現在，請看前頁的插圖。A、B、C 的各機械都有作業者。如此這般的工程，當機械在作業之間，作業者只能茫然的站立，就是想做事也不可能，以致造成了所謂「等待」的浪費。

為了排除這種「等待」的浪費，叫作業者 A 依次的操作三台機械的自動運轉。首先，作業者 A 把材料送入機械 A，按下操作按紐以後，再走到機械 B 前，把材料放入 B 裏面使它操作，再走到 C 機械前，跟 A、B 同樣，把材料放入 C 後，再回到 A 機械。當作業者 A 回到機械 B 時，機械 A 已經完成了作業，因此，作業者 A 可以立刻進行作業。

如此這般，排除了等待的浪費，即可削減兩名作業者。除外，像空動等在工作中不必要的動作，也應該一併的考慮。

所謂搬運的浪費，是指超過必要以上的搬運距離、暫時的堆積、改變堆積場所，以及因移動而產生的浪費。舉一個例子來說，一向都是把零件從大的搬運台移到小的搬運台，再於機械上面做好幾次的堆積以便加工，但是由於搬運台被改善，排除了暫時性的堆積，使一個人能夠操作兩台的機械等等，都是搬運浪費的改善。

至於加工本身的浪費，例如，不備鑽模的引導針，只好以左手支撐著鑽模作業，正因為如此，貨品的加工不能進行得圓滑，以致浪費時間，這就是所謂加工的浪費。除此以外，還有庫存的浪費、動作的浪費，以及製造不良品的浪費等。

3 各種浪費的分析

1. 生產過剩的浪費

生產過剩的浪費是指製造過多或過早造成庫存而產生浪費。製造過多是指生產量超過需要量，製造過早是指比預定的需求時間提前完成生產。

生產過剩的浪費被豐田生產方式視為最大的浪費，它是導致其他浪費現象的浪費之首，也是製造業中最常見的浪費。大多數工廠都存在著產品加工進度比銷售進度快的現象，豐田認為生產應該是產銷結合，沒有訂貨時，生產線就應該停止生產活動，可是大多數工廠都做不到這一點。

要排除生產過剩的浪費，關鍵是正確計算出每天所需要的生產數量，堅持只生產能銷售出去的產品。

「購置的高額設備不使用就感覺似乎損失了點兒什麼，僱用的工人不幹活工廠就受到了損失」，恐怕每個管理人員和經營者都有這種想法，所以大多數工廠在沒有客戶訂貨時也在生產，生產線上的每位工人都在不停地忙碌著，加工著明天或是後天才能銷售出去甚至一直也銷售不出去的產品，這就是生產過剩的浪費。

生產過剩的浪費導致了倉庫和各工序之間積壓下大量的半成品和產成品，當這些半成品及產成品堆放不下的時候，就需要入庫保管，入了庫就產生了倉庫保管費、搬運費等，甚至由於產品的改版、淘汰等原因而導致產品變成了廢品。同時，生產過剩的浪費隱藏了其他的各種浪費現象，使其他各種浪費現象變成理所當然的生產行為，所以生產過剩的浪費是造成企業生產成本居高不下的一個重要原因。

生產過剩的浪費是生產了過多超出客戶或下游工序所需要的產品，在汽車企業內部經常會出現工廠現場的物料堆積。

過多和過早地生產物料導致現場的過剩積壓隨處可見，浪費無處不在。絕不允許製造過多(早)，這主要是因為製造過多或過早所導致以下問題：

它只是提早用掉了費用(材料費、人工費)而已，並不能得到什麼好處。

它也會把「等待的浪費」隱藏起來，使管理人員漠視等待的發生和存在。

它會自然而然地積壓在製品，其結果不但會使生產週期變長(無形的)，而且會使現場工作的空間變大，機器間的距離因此加大，要求增加廠房和硬體投入，這樣在不知不覺中將逐漸地吞蝕我們的利潤。

它也會產生搬運、堆積的浪費，並使得物料先進先出的作業產生困難。傳統企業認為工廠把大量的自製件放在工作場所的現象已經形成了習慣：因為生產能力的增長大於銷售能力的增長。管理人員沒有控制住產量，各工序都在「努力」生產，現場中堆滿了自製零件，各工廠為放置場所爭執不休，最後需要部門協調才能解決。

在傳統企業經常會看到這樣的現象：工廠的綠色通道開始擺上了大量的在製品庫存，產品轉產與切換變得非常困難，一個單位的產品要從一個工序轉移到另外一個工序，至少要先後吊裝幾個場地才能夠轉移出來；產品堆積如山，工廠要求尋找一個能存放更多的產品倉庫和物料囤積場地的呼聲日益高漲。

2. 搬運的浪費

搬運的浪費是在生產過程中進行的各種沒有必要進行的搬運工作。搬運工作在生產中是一項必要的工作，但是搬運卻不產生產品的任何附加價值。除去準時制生產所需的浪費，其他任何搬運浪費都應該消除。

不合理搬運的浪費若分解開來，又包含放置、堆積、移動、整理等浪費。舉個例子：把大量半成品推進倉庫，兩天后再移動到其他生產線進行加工，這是一種搬運浪費。另外，各種臨時存放的零件，從生產線搬運到倉庫，又從倉庫搬運到生產線，從機器的下邊搬到上邊等都是搬運的浪費。

存在不合理搬運的企業，會存在一些明顯的不合理現象，例如過多的搬運活動、過度的搬運設備、大面積儲存區、過量配送人員、倉儲品質降低、過度能源消耗、損壞或丟失物品。我們到企業做診斷的時候一般會考察企業的搬運設備、車輛、運輸人員、行車等搬運資源，結合企業生產的規模和產值就能夠大致判斷出企業搬運浪費所處的狀態，因為配置這些資源就是為企業企業搬運活動而準備的，企業真的需要這些搬運資源嗎？這些搬運資源配置有優化的空間嗎？

大部份人認為搬運是無效動作或是必需動作，因為沒有搬運如何進行下一個作業活動呢？很多人都有這種想法。正因為如此，大多數人默認它的存在，而不設法消除它。有些人想到用輸送帶的方式來克服，這種方式僅是花大錢減少體力的消耗，但搬運本身的浪費並沒有消除，反而被隱藏了起來。分析導致不合理搬運的根源：

· 材料放置不當
· 生產計劃不均衡
· 設施佈局不當
· 過多重覆檢驗
· 工作場地有序安排和保潔不當
· 缺乏對資源的管理
· 工序不均衡
· 供應鏈管理混亂……

某工廠為減少不合理運輸給企業所帶來的浪費，把工廠的生產工序按照技術流程進行分析，繪製出生產製造過程中各個工序間的物流路線，把各個物流線路進行編號，按照各個編號羅列出清單進行逐一分析，提出各個物流路線的優化方案，制定並實施改善計劃，消除製造過程中的不合理搬運產生的浪費。

改善的方法採取物流路線設計、工裝設備佈局調整、流水線作業、物流包裝與倉儲規劃等手段，不斷改善各個搬運的線路，以一種「存在就是不合理」的苛刻思維去看待所有的運輸環節，我們就能夠提出不合理的問題和有效的改善方法，透過物流路線的改善，把一些零件的加工由原來的分別組裝的方式變成在生產線旁進行加工，從而減少搬運，提高生產的運行效率。

3. 等待的浪費

等待的浪費是指工人在機器進行自動加工時，想工作卻沒有工作，只有瞪著眼看的份兒；或在將要進行加工時，卻沒有加工用的半成品，只好等上一工序加工完半成品才能工作產生的浪費。

造成等待浪費的原因通常有：生產線的品種切換、計劃安排不當導致忙閑不均、上游工序延遲導致下游工序閒置、機器設備發生故障、人機操作安排不當等。

等待就是閑著沒事，等著下一個動作的來臨，這種浪費是毋庸置疑的。等待的浪費在企業運行過程中產生的現象如下：

· 設備閒置
· 設備空轉
· 停工待料
· 員工缺勤導致停工
· 計劃外停機
· 計劃調整
· ……

等待的浪費在企業內部經常出現，一種在某汽車製造公司體現出來，其總裝生產線所需要的旋轉裝置不能按要求及時入廠，有可能無法按期交貨，而當旋轉裝置入廠後，又需要搶進度，可能會出現加班、產品品質問題等一系列問題。

另一種就是「監視機器」的浪費，有些工廠買了一些速度快、價格高的自動化機器，為了使其能正常運轉或其他原因，例如：排除小故障、補充材料等，通常還會另外安排人員站在旁邊監視。所以，雖然是自動設備，但仍需人員在旁照顧，特稱之為「閑視等待」的浪費。

還有在產品檢測過程中，調試人員和檢驗人員站在產品旁邊等待。除了在直接生產過程中有等待外，其他管理工作中就沒有等待這種浪費發生嗎？當製造部在生產新產品發生一些問題時，技術部和品質保證部是否能立即解決而不需要現場人員長時間等待？如何減少這種等待？

4. 加工的浪費

加工本身的浪費是指加工工作本身就是一種不必要的浪費。

拼命地整理自己身旁的零件，使之更加整齊，雖然幹得大汗淋漓，但整理工作卻不增加產品的附加價值，這種整理只是一些無用功。要解決這種浪費，應該在搬運時就把零件排放整齊，當然在搬運時也不應該花費時間去整理零件，要動腦筋想辦法，實現在放零件這個動作發生的同時就要達到排放整齊的目的。

另外，生產線的設備在自動運轉時，工人往往在做一些整理性的工作，整理性的工作本身就是浪費，這種工作蒙蔽了管理人員的雙眼，使管理人員認為現在所安排的工作十分合理，機器在加工、工人在工作，認為已經沒有改善的餘地了，這是典型的不合理現象。此時，應該安排工人同時看管多台機器，做一些增加產品附加值的工作。在製造過程，為達到作業的目的，常會出現以下現象：

· 沒完沒了的修飾

· 外加設備加工

· 較長的製造週期

· 頻繁的分類、測試、檢驗

· 額外的影本/過多的信息

· 能源過度消耗

· 額外的加工工序

有一些製造程序是可以省略、替代、重組或合併的，若是仔細地加以檢查，將發現又有不少的浪費等著去改善。在製造現場有很多的情況屬於過度加工的工作，例如增加裝配零件而不是技術要求的，加工精度超過了技術的要求，使用工具的時候增加了過度的工作等。

某生產汽車消聲器部件的汽車廠商，消聲器產品安裝在汽車底盤下面，工作環境非常惡劣。本產品的外觀板材料的技術標準提出，如果企業採取非不銹鋼的材料，企業就必須建立消聲器產品外觀噴漆線，並對噴完漆的產品進行烘烤，以防止產品生銹；如果企業採取不銹鋼的材料，就不需要噴漆工序，直接可以進入總裝生產。

在開始建立汽車消聲器生產線的時候，由於非不銹鋼的材料價格便宜，綜合成本計算出來比使用不銹鋼的材料還要低廉得多，企業就採取了應用不銹鋼的技術要求；但是在 2000 年的時候，不銹鋼材料的價格直線下降，採購部門就把不銹鋼的材料採購回來供工廠使用。

企業的厄運就此展開，他們不光用不銹鋼的材料生產，也採取噴漆和烘烤工序增加產品的防銹能力，產品品質水準算是一流，企業卻隱藏著嚴重的虧損危機，但是客戶不會為此巨大的付出而多承擔任何費用。2005 年企業的技術人員才發現這項過度加工的問題，及時停止此昂貴的技術才挽救了企業的危局。

5. 庫存的浪費

庫存是萬惡之源，大量的庫存滋生了眾多的企業問題，而問題卻被庫存掩蓋了，人們並沒有緊迫感去解決這些問題，企業就會陷入經營效率低下、經營決策不暢的惡性循環之中。

庫存是指一切目前閒置的、用於未來的、有經濟價值的資源。

其作用在於：防止生產中斷，節省訂貨費用，改善服務品質，防止短缺。

庫存的存在給企業帶來深重的「災難」，掩蓋了企業本身存在而不被識別的問題，使得很多問題像毒瘤一樣在企業滋生和發展。

· 生產缺乏計劃性，靈活性差
· 設備故障率高，保養和維修工作欠佳
· 生產線運行不均衡，產量波動大
· 人員安排不合理，缺勤率高
· 廢品率或次品率高，返修工作量大
· 換裝時間長，生產批量難以下降
· 運輸距離長、運輸方式不合理

庫存給企業帶來的危害實在是太大了，企業經營活動的絕大部份資源都會被庫存所吞噬，嚴重影響了企業的運營效率，正所謂「庫存是萬惡之源」！

6.製造不合格品的浪費

製造不合格品的浪費是由於工廠內出現不合格品，在進行處置時所造成的時間、人力、物力上的浪費，以及由此造成的相關損失。這類浪費具體包括：不合格品不能修復而產生廢品時的材料損失；設備、人員和工時的損失；額外的修復、鑑別、追加檢查的損失；有時需要降價處理產品，或者由於耽誤出貨而導致工廠信譽的下降。精益生產提倡「零不良率」，要求及早發現不合格品，確定不合格品發生的源頭，從而杜絕不合格品的產生。

產品製造過程中，任何的不合格品產生，都會造成材料、機器、人工等的浪費。任何修補都是額外的成本支出。精益製造模式能及早發掘不合格品，容易確定不良的來源，從而減少不合格品的產生。這一條比較好理解，關鍵是「第一次就要把事情做正確」的想法卻很難讓企業管理者認同，實施起來也很困難。大家不妨仔細想一想，除了產品生產，管理工作中是否也存在由於第一次沒有把事情做對而造成的浪費呢？

例如對於檢驗、返工和返修等造成的浪費，具體的解決方法就是推行「零返修率」，必須做一個零件合格一個零件，第一次就把事情做好，更重要的是在生產的源頭就杜絕不合格零件和原材料流入生產後道工序，追求零廢品率、零缺陷。

7. 動作的浪費

不產生附加價值的動作、不合理的操作、效率不高的姿勢和動作都是動作浪費。常見動作浪費可以劃分為 12 種：兩手空閒、單手空閒、作業中途停頓、動作太大、左右手交換、步行過多、轉身動作、移動中變換方向、不明作業技巧、伸背動作、彎腰動作、重覆動作等。

某工廠的工人給機器更換一個螺釘時做了以下 8 個動作，經過改善後最多只需要 5 個動作．步行、尋找等輔助工作是完全沒有必要的。

表 3-3-1　更換螺釘作業改善前後的對比表

改善前的動作	時間(秒)
1. 從機器旁走到工具箱	120
2. 打開工具箱的蓋子	2
3. 找到合適的工具	120
4. 尋找大小合適的螺釘	120
5. 用手拿起螺釘	2
6. 收拾好工具箱	10
7. 走到機器旁	120
8. 更換螺釘	60
合計	554

⇨

改善後的動作	時間(秒)
1. 從機器旁邊走到工具箱	10
去拿工具	2
用手拿起螺釘	3
走到機器旁	10
更換螺釘	60
合計	85

在企業製造過程中我們經常會發現企業的生產員工有如下現象：

・ 走動頻繁
・ 過多的搬運活動
・ 尋找工具/材料
・ 過度的伸展/彎腰
・ 等候期間額外的忙亂動作……

要達到同樣作業的目的，會有不同的動作，那些動作是不必要的呢？是不是有必要拿上、拿下如此頻繁？反轉的動作、步行的動作、彎腰的動作、對準的動作、直角轉彎的動作等是否有必要？若設計得好，有很多動作皆可被省掉。在工業工程(IE)管理理論中，專門有一種「動作研究」，但實施起來比較複雜，我們完全可以用上述的基本思想，反思一下日常工作中有那些動作不合理和如何改進。

某企業製造汽車配件，其產品製造過程中有一個工序叫檢測調整工序，員工的工作台與生產流水線垂直佈置，在生產操作時，員工需要頻繁轉身取放產品進行操作，工作強度大，操作不符合人機工程。生產一件產品的節拍是 12 秒，流水線節拍為 10 秒，此工序成為流水線的瓶頸工序。工廠主任認為這個崗位的工作量太大了，因此提出申請為工廠增加一個員工和一個工序工裝，以滿足生產線生產能力的要求，如果你是工廠的主管，你會批准這個報告嗎？

發現這個崗位員工的工作強度，是由於不斷的垂直轉身而導致工作量增加的，我們可以把他的工作台和工作檢測裝置調整到與生產流水線平行，員工操作過程中就不需要經過兩次轉身的工作，既減少了工作的內容，又降低了工作強度，最後這個崗位能夠輕鬆地按照 10 秒的生產節拍生產，大大地提高了生產線的工作效率，而不需要投入大量的資源。

「三不原則」即作業不搖頭、不轉身、不插秧，就是使員工在工作過程中所有的工作內容都是增加價值的，從而保證員工勞動強度最低、工作效率最大化，才能為企業和個人創造最大的價值。

4 要徹底排除浪費

極少有管理督導者明知某事是浪費，而吩咐部下仍舊做下去的。他們幾乎都認為那些事是必要的，不然，就是不知道浪費出在那裏。

任憑你如何的想排除浪費，如果不知道浪費出在那裏的話，怎能排除浪費呢？

最重要的是：浪費就是浪費，必需使每一個人都能夠看得很清楚。這才是提高能率的第一步。所謂的浪費，可分為容曼石出來的浪費，以及很難看出來的浪費，其中最容易看出來者為「等待」的浪費。

例如，在三分鐘的週期時間中，每一次產生一分鐘的等待時間，不僅是督導者，甚至作業的本人，以及上級管理者都會知道有時間的餘裕。如果這一分鐘有如「做事」一般的走動的話，那就不怎麼容易看出來了(搬運的浪費、加工的浪費)。倘若在這一分鐘裏，又投入到下一步貨品加工的話，誰也看不出來到底是否浪費(製造過度的浪費)。這三種浪費都有必要跟「等待」的浪費調換。如此，講求對策就比較容易了。

為此，必需使員工堅守標準作業，不許他們做一這以外的事。憑告示式的生產方式限制生產過度快速。在輸送帶生產線明示作業區域，防止過早著手等等，都值得試試。

為了排除浪費起見，必需迅速的發現浪費。同時，為了容易發現浪費之故，必需時時的整頓現場。或許，每一項都很瑣碎。有時，甚至一項工程間的庫存都會成問題。既然這些都跟能率提高、減低成本息息相關，縱然只是一項，也得抱持何以會如此的疑問，因為，它們很可能就是改善的線索。

所謂的能率提高，必需透過浪費的排除才能實施。關於浪費的發現，或許還可循著別的方式。不管浪費有多少，都應該努力把它們消除。如此才是提高能率的第一步。

徹底排除浪費，是豐田生產方式的目標，也是利益的源泉。

心得欄

5 分辨效率與能率

工廠一旦省掉了浪費，展開「效率」良好的生產，只要此以前生產更多的製品以及零件，就會喜氣洋洋的說：工作的「能率」提高了。「效率」以及「能力」者，是日常被使用的一種「尺度」，然而，一旦這種尺度的使用法錯誤，不僅不能正確的下評價，甚至很可能會演變成「能率固然提高，成本也跟著水漲船高」的局面。

所謂效率者，是指「機械實際可能完成的工作，以及與供給該機械能源的百分比」，不可能有超過 100%的數字。以這種想法應用到生產方面，就是所謂生產的效率。不過，這種場合卻指「製造某種製品所必要的勞動力，以及與製造其製品所出的勞動力之百分比」。所謂的生產效率 50%，是指作業者所付出的勞力中，只有一半對製造製品有效，其餘的 50%勞力被浪費掉。同樣的，所謂 80%的生產效率，是指作業者付出的勞力中，80%有效，生產效率高出很多。

所以效率高的生產，是指付出的大部份勞力，都變成了製造製品的勞力。

相對的，所謂的「能率」，是用於比較幾個人在一定的時間內製造多少東西。因為是比較之故，必需有基準(標準)，通常是以過去(前月或前年)的實績做為基準。例如「這個月比標準提高了 15%的能率」等等。因此，它跟效率不一樣，有時能率會超過 100%。

6 勿被外表的能率所欺騙

在生產線，10 個人每天製造 100 個產品，經過改善的結果，10 個人在一天可製造 120 個。這是所謂的 20%能率提高，然而，真的是那樣嗎？把能率變成算式的話，將變成如下：

能率＝生產數/人數

一般人想提高能率時，往往會偏向於提高分子的生產量。其實，增加機械的台數，或者藉增加人數以達到生產量的方式，可說比較容易。在不增加機械、人員，只靠全體人員協力以提高生產量的方式，必需以生產現場的氣魄為背景，對高度成長期，或者銷路一直在增加的企業，這種方式可能很適合，萬一不是這種情形的話，又會變成如何呢？

例如碰到不景氣，或者銷路減少，仍然維持每天生產一百件的情況不曾改變，或者每天減少到 90 件，甚至為了提高能率每天生產 120 件的話，則每天會剩餘 20～30 件產品。如此一來，不僅得先花費材料費以及勞務費，同時，為了管理存貨，非得增加放置的場所，如此對公司很不利。對業績沒有貢獻的能率提高，並非改善，而是「改惡」。

以這個例子來說，在必要數沒有變更，甚至減少的場合，如欲提高能率以賺錢的話，應該怎麼辦呢？

遇到這種場合，不能再以 10 個人去製造 100 件，而必需改善工程，8 個人(必要數為 92 件的話，改為 7 人)製造 100 件。如此一來，不僅能提高能率，也能減低成本。

在這種情形之下，同樣是提高 20%的能率，做法卻有兩種。增加機械台數提高能率固然簡單，但是減少人數以提高能率的做法卻是非常困難。不過遇到非減低工數以提高能率不可時，尤其是像近日不景氣的時期，更非向它挑戰不可。

關於必要數沒有變更，或者減產時增加產量，以圖謀提高能率的做法，豐田稱它為「表面性的能率提高」，並且規定不必要此做。

7 豐田汽車消除浪費技巧

1. 靜觀現場

靜觀現場是消除浪費活動的第一步，其主要步驟如圖 3-7-1 所示。

(1) 觀察現場總體狀況

觀察現場的總體狀況就是對現場展示出來的靜態狀況進行觀察，側重於對現場「是什麼樣子」進行判斷。進行現場總體狀況的觀察可以遵循對現場物品進行現場管理的流程進行。

(2) 觀察員工的行動

觀察員工的行動主要是為了判斷員工在現場所從事的工作是否是必要且具有附加價值的工作，是否存在行動浪費。

觀察員工的行動也是為了區分員工的這三種作業方式，其中，不創造附加價值的作業被稱為浪費活動。

⑶觀察物品流程

在對物品流程的觀察過程中，應重點觀察需要進行再處理的物品的處理流程，並分析進行再處理的原因。此外，還應認真觀察員工搬運物品的方式，思考其是否存在搬運浪費。針對存在遺漏的情況，要分析遺漏發生的頻率、遺漏的數量進而判斷遺漏的嚴重程度。

⑷用肉眼發現異常

透過肉眼發現生產過程中的異常現象，例如生產工序是否按照要求正常進行，生產現場有無出現瞬間停止生產的情況，作業方式是否符合標準作業的要求，產品生產是否符合先入先出的規則。

圖 3-7-1　消除浪費的活動步驟

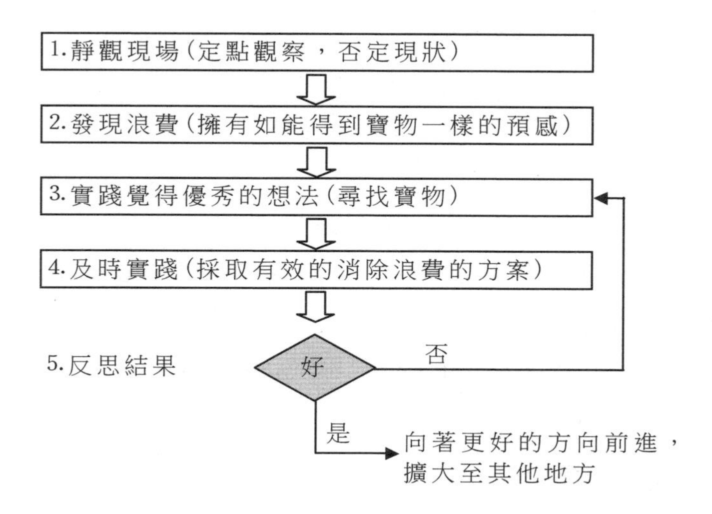

圖 3-7-2 靜觀現場的步驟

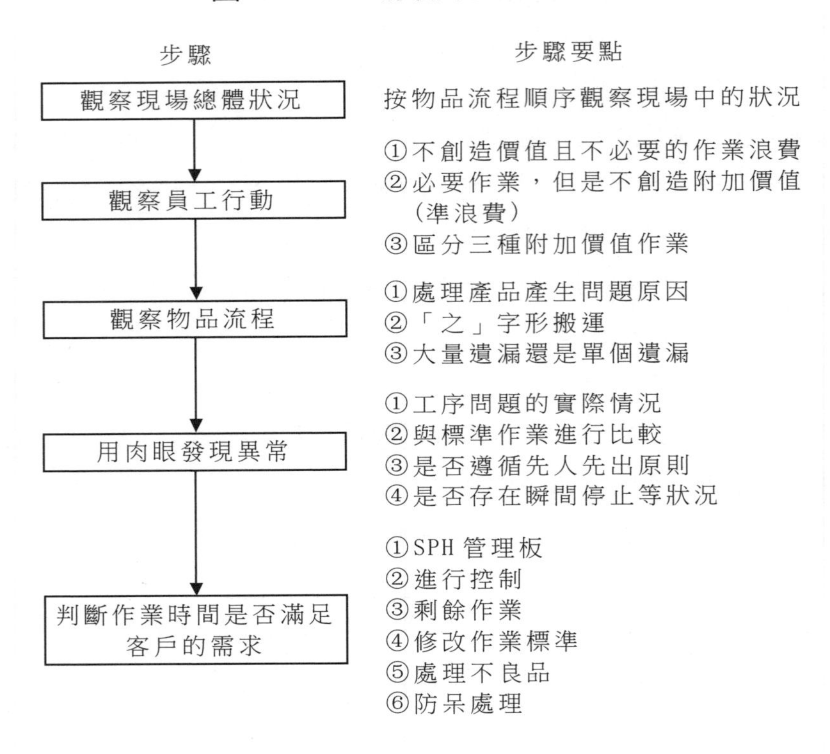

⑸判斷作業時間是否滿足客戶的需求

衡量是否為滿足客戶需求的作業時間可以從 SPH、剩餘作業、不良品處理等方面進行衡量。其中 SPH 的英文全稱為「Stroke Per Hour」，指單位時間內的生產強度，它是對是否高效工作的有效評價尺度。

2. 發現浪費

發現浪費是消除浪費的基礎和前提，透過觀察現場，能夠確認現場發生的各種浪費。針對這些浪費，可以使用「4W1H」的方法對浪費進行描述。「4W1H」即誰在做(Who)、做什麼(What)、在那裏做(Where)、如何做(How)、做多久(When)。

對現場的浪費現象進行描述後，還要運用「4WIH」分析法對浪費進行分析，找出造成浪費的原因。

圖 3-7-3　「4W1H」分析的具體內容

	分析內容	說明
Who	明確行為主體	主要是為了確定責任人
What	確定作業對象	不同的作業對象其作業要求不同
Where	清楚操作地點	借此判斷操作地點是否合理
How	瞭解具體的操作過程	判斷操作過程是否符合作業標準
When	明確具體的作業時間	是否浪費的重要判斷標準之一

企業內部造成浪費的原因，例如：訂單不穩定、物流配送不順暢、產品品質有波動、制程不穩定、管理不當、生產流程不當、工廠佈局不合理。

在以上原因中，「訂單不穩定」又同產品需求的季節波動、銷售預測偏差和產品競爭力的變化有關，而「品質波動」又同產品設計、產品技術和流水線設計有關。

3. 選擇最有效方法

在改善方法中選擇最有效的方法，並將其設定為作業標準。

企業在選擇消除浪費的方法時，可以把握如下所示的五項原則。

⑴刪除

刪除存在於現有管理流程中的垃圾流程，清除等待、信息傳遞、檢驗等不必要的中間環節。

圖 3-7-4　改善實踐

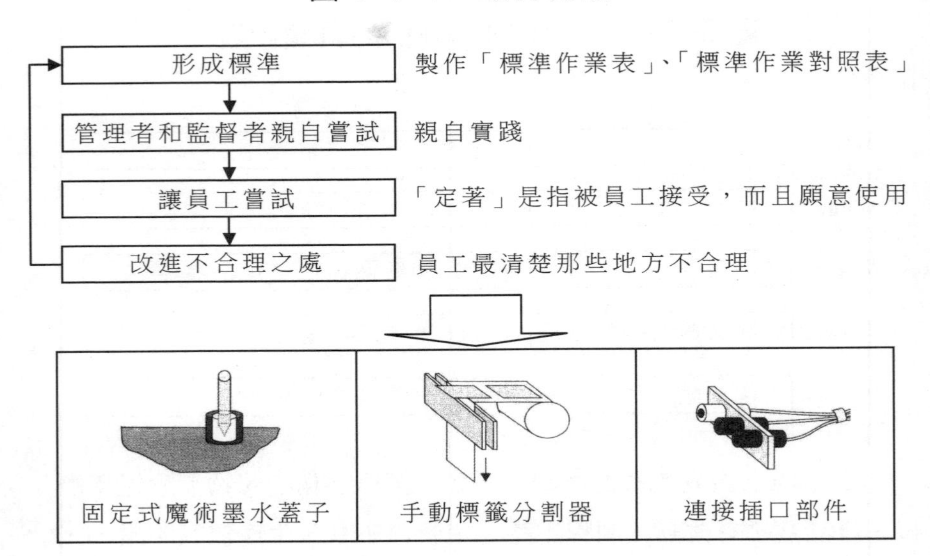

⑵鏈結

重新銜接企業分工協作環節中脫節或互不相干的環節，例如實施平準化接單、推行初期流動管理等。

⑶合併

合併過度的分工，例如將分散的信息處理整合為集中的信息處理等。

⑷重組

將工序的順序重新進行排列組合、例如實施同步設計、制定彈性流程等。

⑸簡化

讓作業或工序更簡單、更好做，例如防呆法、工具的運用等。

4. 反思浪費消除的結果

徹底杜絕浪費，是豐田公司進行生產的基本想法，總結豐田公司在改善浪費上卓有成效的措施，對改善浪費有十點基本思考。

企業在執行浪費消除活動後要對所有的執行結果進行反思，並在現場收集直接執行者的意見，確認浪費消除活動是否滿足了便利性要求，浪費現象是否得到了改善。執行浪費消除活動的結果有兩種。

⑴拋棄對現狀的固定觀念

⑵尋找可行的方法

⑶發現錯誤並及時更改

⑷首先要否定現狀

⑸不要強求完美，即使只有 50 分，也要進行改善

⑹從不花錢的改善開始進行

⑺不面臨困境無法發揮智慧

⑻進行 5Why 分析，力求發現根本原因

⑼不單靠個人的知識，要活用每個人的智慧

⑽改善無盡頭

第四章

豐田的 JIT 生產方式

J1T(Just In Time)生產方式是豐田汽車公司在逐步擴大其生產規模、確立規模生產體制的過程中誕生和發展起來的。

20 世紀中葉，當美國的汽車工業處於發展的頂峰時，豐田汽車公司的大野耐一等人開始意識到需要採取一種更能靈活適應市場需求，儘快提高生產力的生產方式。

他們對美國的汽車生產方式進行了徹底的分析，同時結合日本獨特的文化背景及豐田公司自身面臨的需求不足、技術落後、資金短缺嚴重等困境，逐步創立了一種在多品種小批量混合生產條件下，高品質、低消耗地進行生產的方式。

20 世紀 70 年代發生石油危機以後，傳統生產方式的弱點日漸明顯，而豐田公司摸索、創造出來的這種生產方式恰恰在這次石油危機中展現了巨大的優勢。

從此，豐田汽車公司的經營績效與其他汽車製造企業拉開了距離，豐田汽車公司的生產方式也引起了人們的關注和研究。

美國麻省理工學院國際汽車計劃企業(IMVP)的數位專家讚譽日本豐田準時化生產——JIT 生產方式為精益生產。

1 豐田 JIT 生產的含義

JIT 生產方式的基本思想可用現在已經廣為流傳的一句話來概括，即「只在需要時，按需要的量，生產所需的產品」，這也就是「Just In Time」的含義。這種生產方式的核心是追求一種零庫存、零浪費、零不良、零故障、零災害、零停滯的較為完美的生產系統，並為此開發了包括看板管理在內的一系列具體方法，逐漸形成了一套獨具特色的生產經營體系。

JIT 生產方式又被稱為準時制生產、適時生產方式、看板生產方式。精益生產要求我們不斷消除所有不增加產品價值的工作，因此我們可以稱之為一種減少浪費的經營哲學。

所謂減少浪費的經營哲學，是指採用各種方法、施行各種政策，用最少的投入得到最大的產量。現在企業產品呈現出同質化的特點，能否佔領市場的關鍵在於品牌以及生產成本，這將決定企業能否在激烈的市場競爭中生存下去。

表 4-1-1　傳統生產方式與 JIT 生產方式的比較

對比項	傳統生產方式	JIT 生產方式
控制系統	推進式	拉動式
物流狀況	上游加工，下游接收	下游向上游提出要求
信息流狀況	工序與計劃部門之間	工序與工序之間
物流與信息流的聯繫	分開	結合
控制結果	容易造成中間產品的積壓	真正做到「適時、適量、適物」

2 豐田 JIT 生產的五大理念

JIT 生產的五大理念是：價值、價值流、流動、需求拉動、完美。

(1)價值

一個日本企業家曾說：「一個企業沒有利潤就是犯罪。」

企業的存在就是為了創造價值，一個企業要想生存就必須創造價值，產生利潤。這裏所說的價值可以說是站在客戶立場上的。價值只能由最終的客戶確定，而且只能在具有特定價格、能在特定時間內滿足客戶需求的特定產品或服務身上才能體現出來。

(2)價值流

從原料採購進來到產品出廠，整個過程就是一個價值流。流的過程中最容易產生浪費。整個價值流要流得順暢，儘量減少浪費。供應鏈中的價值流，主要是消除物流中的整體庫存浪費。

①價值流的三大任務：

從概念設想、細節設計與工程設計到投產全過程中解決問題的任務；

從接收訂單到制訂詳細進度到配送的全過程中的資訊管理任務：從原材料到製成最終產品，送到最終客戶的物質轉化任務。

②價值流中的三種活動方式：

明確能夠創造價值的活動；

不能創造價值，但在現有技術與生產條件下不可避免的活動；

不能創造價值而且可以立即去除的活動。

⑶流動

這裏的流動主要指物流。物流有兩種，一種是企業外部的運輸，另一種是企業內部物流。

所謂企業內部物流，就是指原材料進了廠房以後，在工廠裏的各個車間流動，最後變成產品銷售出去的過程。

內部物流也有兩種方式，一種就像我們修的管道或者運河，各處寬窄比較均勻；還有一種就像自然界的河流，有的地方寬有的地方窄，所以會有一個瓶頸環節。如果物流不順暢，那就要找出瓶頸環節。

⑷需求拉動

需求拉動，就是指按需生產，指按照市場、客戶的需求安排生產，客戶需要什麼、喜歡什麼就生產什麼，並按照客戶的要求進行改進。

在生產的過程中，需求拉動表現為供應商按生產車間的需要配送零部件，上游車間、上工序按下游車間、下工序的需求生產。

⑸完美

這裏說的完美，不是說一下子產生劇變，而是指 JIT 生產是一個持續改進、不斷完善的過程。

持續改進是過程導向思維方式，不一味追求突破性創新，注重漸變式、細節性改進，達到從量變到質變的飛躍。持續改進不追求「以投資為保證」的創新、戲劇性改革，強調以全員的努力、士氣、溝通、自主、自律等實現的長時間和低成本改進，人人可以參與，真正體現「以人為本」。

豐田 JIT 生產是拉動式生產方式

⑴傳統生產方式的運作

傳統的生產方式通常都是推進式的。推進式生產方式是這樣運作的：

首先按產品的構成清單對所需要的零部件規格與數量進行核算，這樣就得出每一種零部件的投入產出計劃，然後按照這個計劃發出生產和訂貨的指令。它給每一個生產車間，甚至倉庫都發一道指令。每一個生產車間都按照計劃生產零部件，然後把實際完成的情況回饋到生產計劃部門，接著再把加工完的零部件送到下一道工序或者下游的生產車間。不論生產車間需不需要這些中間產品，各工序都會按照生產計劃部門的計劃生產出來並送到下游車間。

推進式生產方式的物流與信息流是分開的，它的物流方式是一個車間一道工序，從第一道工序開始，流向第二道工序，接著再流向第三道工序……它的信息流是在計劃部門與工序之間流動，即計劃部門與第一道工序之間有信息流，計劃部門與第二道工序之間有信息流……計劃部門與最後一道工序之間有信息流，而工序與工序之間是沒有信息流的(如圖 4-3-1 所示)。

圖 4-3-1　推進式生產方式的運作

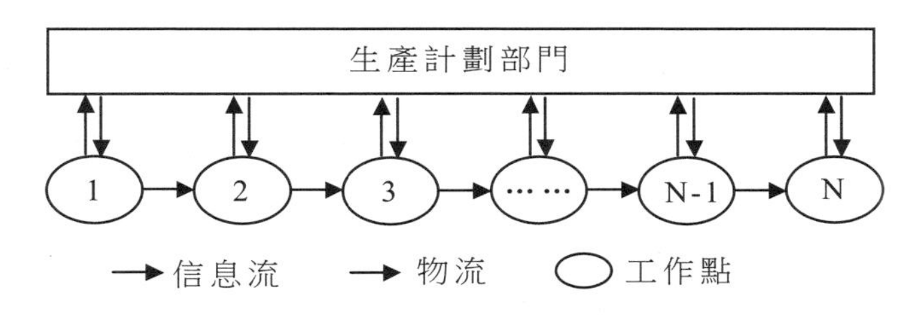

這樣做會造成什麼問題呢？會造成第一道工序生產出很多中間產品，而第二道工序並不需要這麼多產品，但還是送到第二道工序那裏去了，這時候就會在第二道工序那裏造成積壓。有一些企業甚至還不得不設了很多中間品倉庫。第一道工序生產出來的產品先放到中間品倉庫，然後再領出來送到第二道工序。因此，推進式的生產方式是一種缺乏科學計劃的落後的生產方式。

(2) JIT 生產方式的運作

JIT 生產方式採用的是拉動式的控制系統，從市場需求出發，由市場需求資訊決定產品組裝，再由產品組裝拉動零件加工。每道工序、每個車間都按照當時的需求向前一道工序、上游車間提出需求，發出工作指令，上游工序、車間完全按這些指令進行生產。整個過程相當於從後（工序）向前（工序）拉動，故這種方式被稱為拉動式（Pull）方法。簡單地說，就是生產計劃部門只制訂最終產品計劃（稱為主生產計劃），其他車間及工序根據生產計劃，按下游工序、車間的需求來制訂生產計劃。

總之，生產計劃部門把生產計劃下到最後一道工序，最後一道工序再向前面一道工序要它的物料，它需要多少，前面那道工序就給它生產多少，前面那道工序再向它的前一道工序要材料，一直拉動到採購部門。這種方式的好處是信息流與物流是結合在一起的（如圖 4-3-2 所示），而且在整個過程中不會產生多餘的中間品，也不會產生等待、拖延等浪費。

圖 4-3-2　拉動式生產方式的運作

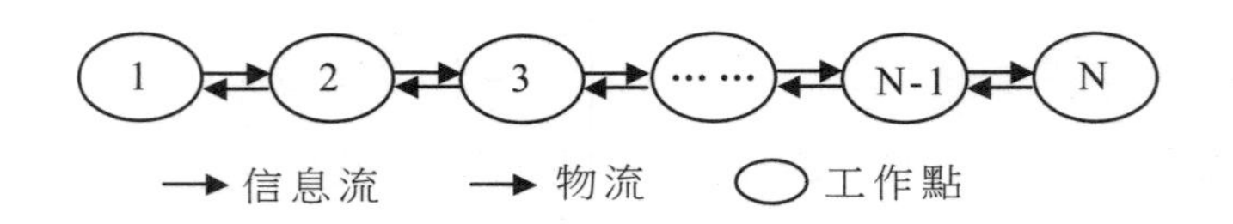

⑶兩種生產方式的比較

傳統的生產方式採用「推進式」控制系統，容易造成中間產品的積壓，而 JIT 生產方式採用「拉動式」控制系統，能使物流和信息流有機地結合起來，避免人為的浪費。因此，JIT 生產方式與傳統生產方式有很大的區別。總之，只有「拉動式」系統才能真正做到「適時、適量、適物」地生產。

第五章

豐田生產方式的降低成本

豐田式生產之目的，就是徹底的排除浪費，減低成本。為提高生產性的一連串活動，整個公司所推進的改善活動都必需有助於減低成本才行，不管是種種的想法，以及改善的方策，都必需與減低成本有關連才行；反過來說，所有判斷的標準，都以是否能減低成本而決定。

如果這個判斷標準不明確的話，就很可能認為改善是一件好事，以致一味的改善…改善…到頭來可能招致製造過多的浪費。耗費錢財改善設備及機械，耗費時間改善作業的結果，只增加了庫存品，公司的經營益發陷入苦境，一連串「改善」的後果，說不定會提早關門大吉。

1 真正的成本只有梅核大小

豐田生產方式要降低成本，所謂成本者，由於觀點與演算法的差異，而有種種不同的解釋。像人工費用、材料費、油費、電費、土地、建築物、設備費等等，都構成成本的一部份。因此，一般廠商認為成本就是生產某製品時所有實際耗費之總和。其實，這是天大的錯誤。

雖然真正成本的計算，可能多少有些籠統，但是製造一輛汽車的人工費用以及材料費，總是有它的最低限度，例如以人工費用來說，如欲製造某一種商品，只把今日必要的工作量算進去，就很接近這裏所謂的「真正的成本」，假若連明天、後天所需要的多餘工作量都算的話，結果會變成如何呢？

多餘製造出來的東西，若隨便放置的話，將妨礙作業，因而不得不搬走。於是，增加了所謂的搬運工作，以及一些堆積的場所，甚至非增加所謂管理的部門不可。計數、堆積，還得設置辦理事務的人員，以及掌管工程的人員……為了那些多餘製造出來的東西，所填加的作業以及人員，將不計其數。

從事這些作業的人員當然得付薪水，以致被算進人工費用裏面，最後就成為製品的成本。關於材料費方面也是如此。雖然只購存今日使用的材料，絕對不會對今日的作業發生任何的障礙。但沒有安全存量，可能影響日後的生產，所以，不得不有預備存量。頂多十天的就夠了。有一些廠商竟然存有一個月甚至兩個月的材料，將之塞在倉庫裏。碰到更差的廠商，甚至買進了半年的材料。

那些材料當然已付了錢，除了材料費以外，還得算算利息。有時在保管期間，材料生了鏽、破損，變成支離破碎，以致不堪使用，或者由於在設計方面有巨大的變更，那些材料已經不能派上用場；或者因為銷售政策有了變動，材料不需要那麼多，以致平白浪費了不少材料費。

諸如這種浪費，不使用而被捨棄的材料，經理也把它們統統歸入材料費裏面計算，以致全部變成了該製品的成本。大部份的所謂的成本，幾乎都把「製造東西真正需要的成本」以外的人工費、材料費等一併計算在內，難怪成本那麼昂貴。豐田有鑑於此，才說出了「真正的成本可能只有梅核一般大小」的話。既然只有梅核一般大小就夠，何必要膨脹到橘子一般大小，再把橘皮上的凹凸削掉，聲稱已經減低了成本呢？

心得欄 ------------------------------

2 為達目的，手段有很多

有時，業者也會針對某製品是否採取內制，或者是採取外制，為了某製品的加工，是否導入專用機械，或者使用現在的多用途機，而下何者最合適的判斷。關於 A 及 B 那一方比較有利的判斷問題，可視 A 及 B 那一方對公司具有綜合性的利益，而下決定。

例如：對於「減少人員」的目的，方法一定有很多。有導入自動機械減少人員的方法，也可借著變更作業配合的方式減少人員。甚至可導入機器以代替人員。對於這些提案那一個比較有利的檢討，必需小心翼翼的進行檢討。

例如為了減少一個員工，必需添加 10 萬元的電氣控制裝置。如此實施的話，由於只耗費 10 萬日幣就減去了一個人員，豐田可能會感到沾沾自喜。然而，仔細的檢討以後，方才恍然大悟只要改變作業的順序，跟本就不必耗費金錢在減少人員方面。用這種眼光看來，耗費 10 萬謀求改善的案例，絕對不能稱為成功，而是失敗的太慘了！

如此這般，絕對不能認為有利，而什麼事情都做，最好是選擇有利中更為有利的案例。這種傾向在導入自動化時，最容易發生，值得特別的注意。

進行改善時，檢討的過程有兩項，因為對一個目的來說，其手段以及方法非常多，不妨舉出眾多的案例，再一個接一個的舉行綜合性的檢討，最後選出最好的改善方案。如果未舉行上述的檢討就進行改善的話，將變成花錢過多的改善案例。因此對改善的實施必需特別的留意。

設備以及人員過於充裕，卻因沒有工作，致使設備在休息，人員在閒蕩，這是處處可看到的情形。

這時，撇開機械方面不談，管理人員總會認為作業員在遊蕩實在很可惜，於是叫他們去拔雜草，或者去擦拭玻璃窗。老實說，這種方式很不妥。

或許，上級人員以為這是有效的在利用遊蕩的作業員，實際上，不管他們拔了多少雜草，或者把玻璃窗抹得光亮，連一塊錢的利益也得不到。所謂的有效利用，是指必需使作業人員對減低成本有所貢獻。某一家工廠，遇到暫時沒有工作時，叫員工們去修理工廠內各處漏水的地方，在平常由於作業太繁忙，一直放下不管，如今，趁著沒有工作時修繕完畢。如此一來，每個月都節省了 100 萬的水費。這才稱得上是有效利用呢！

3 生產機器高速高性能並不好

汽車座位是使用工業縫紉機縫製而成的，有直線縫法以及曲線縫法。站在女子作業員旁邊，聳耳靜聽，立即可聽到！「喳喳喳喳」、「喳喳」、「喳喳喳喳」、「喳喳」的聲音。碰到她們縫直線部份、曲線部份，以及更複雜的部份時，縫紉機的聲音就會間歇的改變。

在往昔，縫紉機使用腳踏的方式，如今改用馬達操動，以致速度非常的快。而且，又如汽車一般，以踏板操作的方式控制動力。

未熟練的作業員在縫直線部份時送布不成問題，可以一口氣的「喳喳喳」縫好，到了曲線部份，由於送布的速度趕不上縫紉機的速度，以致速度轉慢，變成了喳……喳……。

如果是老手的話，縫曲線跟直線的速度沒有變化。而且，在直線部份並非「喳」地一口氣縫製，而是以「喳喳喳」的稍慢方式縫製。接著以這種節奏縫好曲線部份。表示越是老手越能熟練的操作踏板，換句話說，能夠以人為的方式控制縫紉機的機械速度，使它降低到適合於作業的速度。工業用縫紉機由於時時縫厚的東西、堅硬的東西，速度本來是不夠快速，近些年來受到了技術開發之賜，速度被提高了很多，變成了具備高速高性能的工具。就因為變成了高速高性能，價格當然更昂貴了。

然而，就以高速高性能的縫紉機來說，在實際作業時，不熟練的人時常停止，老手卻把它控制成低速使用。耗費了大筆錢，結果是叫作業員使用難以使用的機械。

有鑑於此，豐田要求協力企業製造速度低的縫紉機。而且，每一部縫紉機的價錢只有高速型的一半。

有很多人具有錯誤的想法，認為以高價購入的設備如不充分使它轉動的話，那將是一種損失。這些人總認為機械設備越是高價其折舊率越大，如非使它的運轉率將近100%的話，一定會蒙受損失。

如果說機械的運轉率越高越理想，那麼，製造過多所招致的損失，反而會比機械不運轉的損失更大。由此可見，把標準放在提高運轉率上面是很危險的一件事。不管如何，機械設備的運轉率必需以生產必要數為標準，這一點絕對不能忽視。

同時，豐田始終貫徹於一種想法，那就是，在多數機械轉動的基本上，仍然以人的作業為中心！而並非以機械為中心，理由跟前述相同。換句話說，以機械為中心不停生產的話，免不了會製造出必要量以上的製品，或者使作業者產生餘力而閒蕩。如果以人的作業為中心展開的話！應視生產必要量變更作業的配合，再運轉機械，即可使機械的運轉率恰到好處，也可以消除作業者的浪費。

已經用掉的費用被稱為挽不同的費用，跟這以後的施策並沒有任何關係。想到改善時，如果認為它是限制條件的話，那就很容易引起錯誤。

例如：認為昂貴的機械以及高性能的機械，若不繼續使用，將蒙受損失的想法。事實上，不管機械昂貴或低廉，一旦被放置於現場以後，機械的價格眼在現場的使用法就毫無關係了。如果發生到底使用昂貴或低廉的機械那一種比較好時，那就使用經費比較便宜的那一種好了。

高能率並非等於低成本

提高能率的目的在於減低成本，並非單純的只提高能率而已，如果有這種想法那就錯了。在高能率與低成本一致之下，方始提高能率才有意義。

時常看到以提高 SPH(單位時間內的生產額)為管理目標的生產線。他們在生產線後面放置生產管理板，每隔一小時就寫下生產額。如此繼續做下去的話，將不知不覺的陷入只在提高 SPH 的錯覺。

為了提高 SPH 起見，儘量減少改變工程的階段，生產較大的單位數量。即使今天的份量已經製造好，只要仍然有時間，就會繼續製造明天，甚至後天的份量。在這種情形之下，SPH 的確被提高了，以致作業員都以為高能率而賺了錢。實際上，跟後工程部交接的中間地帶已經堆滿了沒有銷出去的貨品。

逢到這種場合，最好以小的單位數量，只生產必要的份量，這也是該生產線的第一個條件。必需在這個條件之內提高 SPH，如此才能與減低成本發生關連。除掉這個條件，只提高 SPH 的話，以工廠整體的眼光看來，一定會導致負面的結果。因為高能率與低成本並非永遠相等。

如果以一天的定時作業時間為 8 個小時的話，那麼，所謂的轉動率，就是表示：在這段時間裏使用機械製造東西多久的比率。因此，只使用某機械 4 小時的話，這個機械的轉動率為 50%。所謂的轉動率，就是表示為了賺錢而轉動機械，如果單純是機械轉動的狀態，也就是說處於空轉動時間的話，就算機械轉動了一天，也沒有賺到錢。換句話說，就算是機械在轉動的時間內，也可能像我在前面敍述的「動作」與「工作」一般，有著浪費的動作，以致包含了並非製造東西的時間——關於這一點，必需嚴密地加以區別。

正因為如此，豐田公司不使用「轉動率」的字眼，而使用「有效轉動率」的名詞。「有效轉動率」的定義是「最大限度操縱機械時所產生的能力，與那一段時間生產實績的比率」。也就是說，A機械本來一個小時能製造200個零件，而那一天的生產額是一小時100個的話，那麼，「有效轉動率」為50%。

如果把這件事比喻為你的私家車的話，所謂的「實際運轉率」就是：當你想坐汽車時，一跨入車裏發動引擎，就能夠快速的享受兜風的樂趣。不僅是假日的開車兜風，如果三更半夜孩子得了急病，手足無措的想帶他去看醫生時，偏偏發動不了引擎，或者爆胎，沒有汽油，那不就要急死人了嗎？

所謂的「有效轉動率」，可根據每一月的銷貨量，以及生產的汽車量數而起變化，銷路不好時有效轉動率就會下降。反過來說，訂貨量很多的話，那就得長時間的加班，甚至晝夜都得輪班工作。達到這種場合，非發揮出120%～130%的「有效轉動率」不可(平常一定時間內的完全操作算100%)。

豐田工廠跟其他的廠商一樣排滿了機械，可是有些機械在轉動，有一些機械卻在「休息一「豐田使那些機械停止運轉，還能夠賺錢呢，」來工廠參觀的人時常這麼說。

高能率≠低成本

那是豐田採取「非做不可的工作，在必要的時機進行就可以」的工作態度之故。如果一部機械在 10 秒鐘內能完成一個切削品的話，只要以十秒鐘的間隔，從早到晚不停的轉動，那麼在一、兩年之內這部機械就會報銷。如果能改為 4 分鐘完成一個切削品，在 10 秒內完成切削以後，就使機械停止 3 分 50 秒鐘的話，機械就可以延長使用年限。

至於所謂的「實際運轉率」，是指發動機械設備時，使用比率的方式表示它能正常轉動的頻度。也就是指按下開關馬達就會轉動，帶動機械發動，進入能夠作業的狀態。

因此，此種「實際運轉率」能時常保持 100%最為理想，甚至必需以此為目標。因此，預防及保養方面需要特別注意，不要使機械發生故障，儘量的縮短改變工程階段的時間。這些事都很重要。

由此可見，100%的實際運轉率是非常重要的。

另一方面，有效運轉率等於一天中坐汽車幾小時的比率。就算是好不容易才擁有私家車，相信也沒有人從早到晚都開著私家車吧？星期六、星期天帶著家人去兜風，有效運轉率固然會上升，但是在平時，只有妻子上街購物才開一、兩小時的私家車，有些人只開車去上下班，甚至有些日子根本就不開車。

無論是誰只有必要時才開車，因此在這種情況下來說，有效運轉率 100%是毫無意義的。倒是在沒有目的之下，胡亂開車子的話，不僅要多耗費燃油，而且車子也會時常故障，車的壽命也必定會縮短。

5 縮短時間所產生的四種益處

「合乎時機的生產」的目的，就是適應各種汽車每天實際的需要。在合乎時機的生產方面，為了把頭取零件時的差錯減少到最低限度起見，每天從補助裝配線或供給部取得的零件非均衡化不可。而且，為了每天同時生產種種的零件之故，各個的生產先導時間(從製品的生產指示，一直到完成進貨為止的時間)必需顯著的被縮短才行。

豐田一直在追求一種理想，那就是使生產與每天的需要變動適應，可是在追求此種理想時，總會碰到一個問題。

也就是說，事前月次計劃所揭示的生產量，跟告示牌及順序計劃發佈的每月發貨量有10%的出入。這個出入由每天的適應活動而來。為了防止這種出入帶來過剩的庫存，以及過剩勞動力等的問題，豐田在取得販賣店的訂單以後，必需立刻開始生產。

尤其是貨品提供者，必需保持隨時都能夠迅速地生產的態度。如果不等待豐田告示牌寫明的訂貨，而擅自生產的話，說不定會製造10%多餘的庫存品。換句話說，寫明訂貨的告示牌一旦人手，就得立刻從事生產，但是在告示牌入手以前，絕對不能著手於該項生產。

6 縮短生產時間、等待時間

欲縮短大單位數量生產部門的生產時間的話，首先必需縮短改換工程階段的時間。假如改換工程階段的時間為一小時，製品每一單位的加工時間為一分鐘的話，生產單位數量為 3000 單位時，那麼，總生產時間為(改換工程階段時間＋總加工時間＝1 小時＋1 分鐘×3000)50 個小時。如果把改換工程階段減少到六分鐘，也就是說，縮短到當初時間的 1/10 的話，就可以把生產單位數量縮小到 300 單位，也就是當初單位數量的 1/10。

重覆 300 單位的單位數量生產 10 次，生產時間跟生產數量就會跟以前完全相同。也就是說，總生產時間(〔6 分鐘＋1 分鐘×300〕×10)為 51 個小時。

在一般情形之下，只要把改換工程階段的時間減到當初時間的幾分之一，單位數量可在不改變該工程的負荷量之下，減少到當初的幾分之一。而且，還有如下的效果。

一單位數量的加工時間可以縮短到幾分之一，如此生產先導時間也可以大幅度縮短，公司就能夠很迅速的適應顧客的訂貨。而且，告示牌的張數也可以減少到幾分之一，甚至庫存量也能顯著的減少。

所謂等待的時間，是指各工程等待前工程部門完成製品的時間，但是不包含搬運時間。等待的時間可分為：生產不被各工程間同期化而產生者，以及前工程部門的單位數量太大而產生者。在這些之內，如欲縮短第一項的等待時間的話，非達成生產線的同期化不可。

也就是說，在各工程的生產方面，數量以及時間都必需相等，週期時間在裝配在線的全工程必需相同才行。而在各工程的實際作業時間方面，由於作業員的技能以及能力稍有不同，所以會產生某種的差異。

欲把此種差異最小化，乃至作業順序（作業的配合）的標準化是非常重要的。所以，現場督導者以及上司必需訓練作業員，以便使他能精通標準的作業順序。

至於想縮短第二項的等待時間，那就得使搬運單位數量儘量的變小才可以。以這種做法來說，特定製品的生產單位數量大一些也沒關係，可是，必需以最小單位數把製品送到後工程部門。換句話說，就算生產單位數為六百單位，不過在完成了一單位的製品，就立刻得把它們送到後工程部門。

為了從事那種迅速的生產，必需儘量的縮短先導時間。例如在上午 8 點鐘被鑄造的引擎殼，當天就被拼揍，到了下午 5 點鐘，完成的車子已經跑出裝配線。

縮短生產的先導時間有如下的益處：

1. 憑此，豐田可以在極短的時日內，把特定的汽車交給顧客，達成接受訂貨的生產目標。

2. 豐田在月中對需要的變動，能夠極為迅速的適應，是故，能使豐田銷售部門所保有的完成車，庫存量最小。

3. 不僅能把各工程間不均衡的生產時機抑制於最小限度，更能夠憑著單位數量變小，而大幅度壓緊裝置品的庫存。

4. 即使改變商品的形狀或設計，因此而產生的「死藏」庫存品也可以減低到最小數量。

如今，假設生產在多階段工程所組成的工廠進行的話，那麼，各製品的生產先導時間，可由以下的三要素構成。

也就是說，各工程對一定單位制品加工的時間，等待時間，以及搬運時間，豐田如何把它最小化呢？

心得欄 --

第六章

豐田的生產線分析技巧

1 豐田汽車生產線問題的分析

透過應用價值流分析工具，繪製汽車座椅滑軌生產線價值流現狀圖，對制約流水線生產過程中的各個生產要素進行了系統的分析，找出影響產能的瓶頸環節，繪製生產線價值流未來圖，並有針對性地制定解決瓶頸的方法和措施，從而更有效地利用人力、設備、場地等資源，達到提高生產效率、減少員工勞動強度、提高生產效益的目標。

經過深入的探討，確定了改進的流程：現場調研、收集數據和分析數據、確定生產瓶頸因素、制定解決措施和方案、實施解決、總結和推廣。

華瑞工廠加工工段批量生產座椅滑軌時採用的是傳統的「直線

型」生產流水線佈局，這條流水線同時生產 4 種座椅滑軌(左座椅左滑軌，左座椅右滑軌，右座椅左滑軌，右座椅右滑軌)，每一種滑軌都是 15 道工序。

這條流水線佔據了整個工廠，接近 60 平方米，設備與設備的距離過大，導致加工的時候要進行搬運才能到轉到下一工序進行生產；由於必須同時生產 4 種滑軌，即要求每一道工序必須生產完 4 種才能進行下一工序的生產，這樣就要求在現場擺放相應的在製品，而且生產工序越多，那麼積壓的在製品就越多，所以在這個佈局裏面有接近 1/3 的場地是用來存放在製品的。既然有了在製品的積壓，那麼在加工下一道工序的時候就必須要將在製品搬運到下一工序操作的地方，搬運的浪費也到處都是。

從生產過程中的佈局圖和技術流程圖中可以看出現場生產企業過程中整個流水線的物料流向，並可以清楚地看到搬運的路線。

圖中所示的線路說明零件加工後要搬運到另外的工序進行加工，有的是放在週轉區等待加工。這樣每天都需要花很多的時間來搬運物料。

1. 現場生產數據分析

改進小組根據現場生產對每一道工序進行了時間測量，並且對其搬運次數和時間進行了統計，統計數據如表 6-1-1 所示。

表 6-1-1　生產節拍與搬運時間統計表

單位：秒

生產工序	節拍時間	搬運次數	搬運時間	總搬運時間
點焊螺母	8.31	11	19	209
點焊掛鈎螺母	8.31	11	19	209
點焊掛鈎	13.27	22	63	1386
沖鉚主滑軌	8.71	14	15	210
點焊連接板、支架	43.68	24	22	528
點焊扶架	12	0	0	0
加固	4	0	0	0
整形	4	24	32	768
裝配滾珠、扶架	11.27	44	47	2068
沖鉚連接板	9.42	22	67	1474
點焊鉸鏈合件	12.34	22	11	242
沖鉚鉸鏈合件	9.86	22	49	1078
焊接拉板	11	11	13	143
焊接卡板	10.48	11	14	154
裝配扭簧	12.8	25	13	325
			總計	8794

結合現狀數據進行分析，繪製現狀佈局結構圖。

對統計的現狀佈局結構圖中的數據進行分析，具體如下：

除了搬運的時間以外，由於各個工序的不平衡導致了等待的時間也是一個瓶頸，對改進小組 3 天的數據收集為：

15320 秒　　14230 秒　　14715 秒

平均每天等待時間 $S_{平均}$＝(15320＋14230＋14715)/3

＝14755(秒)

單件生產節拍按照最長的生產工序計算，座椅滑軌生產工序最長的工序是點焊掛鈎，為 13.27 秒。

這樣按照一天 7 個小時的生產時間計算，一天的產量為：

(一天生產時間－搬運總時間－等待時間)/單件生產節拍＝

(7×3600－8794－14755)/13.27

＝124(台/天)

2. 確定瓶頸因素

對數據分析以後，可以確定流水線生產的瓶頸因素主要是搬運的時間、等待的時間引起的浪費和設備不足，只要能解決這三個問題，那麼每天實際生產零件的時間就可以得到很大的提高。

3. 制定解決瓶頸方案

改進小組確定了瓶頸因素以後，提出了如下的行動計劃。序號項目名稱

①	設計流水線的佈局
②	增加設備
③	製作電極頭和沖鉚模具
④	製作工作台和滑道
⑤	調整設備和設計線路佈局
⑥	增加照明燈
⑦	採購銅、電線、水管

行動計劃制定出來後，各個負責人都能按照原來的計劃完成。

改進後的流水線非常緊湊，設備與設備之間不存在很大的距離，避免了零件的搬運，這樣場地也由以前的 60 平方米減少到 36 平方米。整個技術路線很清晰，最重要的是不存在技術路線交叉的現象。這條流水線不僅解決了物流和設備的擺放問題，最重要的是解決了平衡生產節拍的問題，這樣就在很大程度上減少了等待時間。

改進後的每天的產量(每台有 4 種類型滑軌組成)為

(一天的工作時間－等待時間/單件生產時間)/4

＝(7×3600－1320/13.27)/4

＝450(台)

4.效益分析

⑴改進投資費用

點焊機	2 台	50000 元
二氧化碳保護焊	2 台	20000 元
衝床	1 台	20000 元
採購銅線、水管、照明燈費用		5000 元
基建費		2000 元
	總計：	97000 元

⑵效益分析這條流水線改進以後，有以下四個方面效益

①減少了員工的勞動強度。改進前，每天 124 台的量要生產一整天(7 個小時)，因為搬運的次數很多，勞動強度很大。改進以後，產量達到了 450 台/天，這樣以前一天做的工作現在只要 2 個小時就可以做完了，而且不需要搬運了。

②年生產產值增加約 1900 萬元。

改進後每天的產量比以前多 450－124＝326(台)

每個月按照22天的工作日計算，一年就可以多出12×22×326=86064(台)

這樣每年增加的產值就增加了約1700萬元。

③降低了能源消耗。

改進前				
設備名稱	數量	功率/(千瓦/時)	工作時間/時	消耗功率/千瓦
點焊機	6	0.1(空載)	8	0.8
衝床	2	2	8	16
二氧化碳保護焊	2	0.1(空載)	8	0.2
電燈	5	0.25	8	1.25
風扇	7	0.1	8	0.7
			總計	18.95
改進後				
設備名稱	數量	功率/(千瓦/時)	工作時間/時	消耗功率/千瓦
點焊機	8	0.1(空載)	2	0.2
衝床	3	2	2	6
二氧化碳保護焊	4	0.1(空載)	2	0.4
電燈	4	0.25	2	1
風扇	5	0.1	2	0.5
			總計	8.1
		每天節約		10.95千瓦
每個月節約電能10.95×22=240.9(千瓦)				

④場地由原來的 60 平方米縮小到現在的 36 平方米，節省了 24 平方米的場地。

繪製未來佈局結構圖，為實現進一步的改善提供指導。

在這次流水線的改造中，改進小組充分地考慮到了各個因素，例如人機分析、生產節拍的平衡、現場的調查分析等，這樣才使得改進後沒有出現因為分析不到位而產生問題的狀況。這次改進很好地利用價值流的分析工具，對各個浪費的環節進行了有效的分析。在本工段的另外一條流水線的生產也是參照這個滑軌流水線改進原理進行改進，結果產能也是提升了 2 倍。

心得欄

2 汽車座椅工廠的動作改善實例

零配件工廠生產產品的主要客戶是某大型汽車整機製造廠，該整機製造廠家在近兩年實現了跨越式發展，產銷量以 150%以上的速度增長，目前已經逐漸躍居汽車某車系行業第一位。

作為主要為汽車整機廠配套的 H 工廠，汽車座椅滑軌生產一直處於產能不能滿足整機廠的生產需求狀態，每天的汽車座椅滑軌生產產量只有 124 台。而客戶的產能需求是 450 台/天，這就要求採用更合理的技術方法或管理技術來實現產能的大幅提升，以滿足客戶的需求。

H 工廠場地面臨危機。工廠跟隨整機工廠快速發展，工廠場地逐步用於生產其他產品和實驗設備，使得生產場地逐步減少，生產用的原材料和在製品逐步增加，導致生產場地逐步緊張，不能滿足工廠發展的需要，如何能夠在現有的生產場地中實現生產能力的提升和發展是我們最關注的主題。

華瑞工廠週轉資金緊張。工廠在快速發展過程中，採購原材料的資金逐步增加，而對產成品資金回收遲緩，導致工廠現金流減少，資金吃緊，特別在製品庫存方面，存在資金積壓的嚴重現象，需要採取措施對現場生產過程中的在製品資金積壓進行優化並使其減少，從而減輕工廠的資金積壓壓力。

3 為何要動作分析

企業經營性生產活動實際上是由人和機械設備對材料或零件進行加工或檢驗組成的，而所有的檢驗或加工又都是由一系列的動作所組成。這些動作的快慢、多少、有效與否，直接影響了生產效率的高低。

許多工廠往往是在產品剛開始生產時，對工序動作安排一次，此後除非出現重大問題否則很少進行變更。效率的提高一般視作業者的動作熟練程度而定，隨著動作的逐漸熟練，作業者對作業動作習以為常，完全在無意識中進行操作。因此，不及時調整工序動作潛藏著極大的效率損失。

許多人們認為理所當然的動作組合，其實都存在諸如停滯、無效動作、次序不合理、不均衡(如：太忙碌、太清閒等)和浪費等不合理現象。

這些動作對產品的性能和結構沒有任何改變，自然也不可能創造附加價值，使生產效率因此降低。吉爾佈雷斯曾說過：「世界上最大的浪費，莫過於動作的浪費。」

以日常生活中的動作為例：一個熟練的廚師，可以同時用兩個甚至更多的爐子炒菜，快速而且不會出差錯。而平常人則可能用一個爐子炒菜都會出現在中途發現某一種材料還未準備好的狀況，所耗費的時間也更長。究其原因，就是因為動作安排不合理造成的。

動作分析就是對作業動作進行細緻的分解研究，消除上述不合理現象，使動作更為簡化，更為合理，從而提升生產效率的方法。

4 動作分析改善的步驟

動作分析改善的步驟，可以採用 PDCA 的方法進行分析，遵循這樣的步驟進行動作分析改善，可以使動作的效率不斷得到提升。下面闡述動作分析改善的步驟。

1. 問題的發生/發現

在生產製造的現場，每天都有新的問題發生。有些人可能熟視無睹，覺得一切都很正常，因而也就缺少改善的動因，效率也就日復一日地停留在同一水準上。改善往往源於問題的發生和發現，管理者如果能帶著疑問審視現場所發生的一切，特別對細節的地方加以留意，就更容易找到改善的對象。

表 6-4-1　動作效率檢查表

項目	檢查重點	結果
難度	· 有沒有較難執行的動作？ · 作業的姿勢是否容易導致疲倦？ · 作業環境是否方便作業進行？ · 能否使動作更輕鬆？ · 人員的配置合理嗎？ · 有沒有安全隱患存在？	
不均勻	· 作業是否有忙閑不均的現象？ · 是否有熟練度不夠的現象？ · 作業者之間的配合怎樣？ · 是否有顯得散亂的地方？	
浪費	· 有沒有等待、停滯現象？ · 檢查標準會不會過於嚴格？ · 人員配備是否過剩？ · 是否有重覆多餘的動作？ · 有沒有次序安排不合理的動作？	

表 6-4-2 PQCDSM 檢查表

檢查項目	檢查重點
生產效率 Productivity	· 生產效率有沒有提高的餘地？ · 動作時間能否縮短？
品質 Quality	· 品質穩定嗎？ · 不良率是否增大？ · 消費者有沒有抱怨？
成本 Cost	· 材料有沒有浪費？ · 機械運轉率高嗎？ · 間接人員是否過多？ · 非作業時間多不多？
交貨期 Delivery	· 交貨期是否經常有拖延？ · 計劃的準確度高嗎？
安全 Safety	· 有沒有不安全的動作？ · 環境中有沒有安全隱患？ · 設備操作正常嗎？
士氣 Morale	· 員工精神狀態怎樣？ · 人際關係有沒有問題？ · 紀律遵守程度好嗎？

2. 現狀分析

發現問題以後，就應該針對問題發生的現場，展開細緻的調查，掌握詳實的數據，使問題進一步明確。然後根據掌握的事實，展開分析。

現實主義的原則對問題把握，一定要以現場發生的事實為依據，運用 5W1H 的方法反覆弄清事實的真相。切忌主觀猜測，脫離事實。

數據化的原則文字性的描述往往難於區分具體的差異，會使事實的把握處於模糊狀態，這樣的結果，不僅會導致問題分析的難度加大，而且改善的效果也難於衡量。因此，只要能數據化的地方一定要掌握具體的數據。

記號化、圖表化的原則如果能把動作進行分解，再使用記號進行表示，並且把掌握的數據用圖表表示出來，對事實的描述將會大為簡化，而且理解分析的難度也會降低很多。

客觀分析的原則分析者有時會因為立場差異，導致分析方向的偏離，常常把問題歸咎於其他部門或其他人，這樣就容易導致扯皮現象的產生，給問題的解決設置了人為的障礙。所以進行問題分析時一定要先己後人，保持客觀的立場。

3. 找出問題的真實原因

透過對現狀的分析，可以得到一些問題的可能原因。這時，應該逐一加以驗證，把一些似是而非的原因排除掉，找到真正導致問題的原因。排除的過程應該堅持先簡單後複雜、先成本低後成本高的原則。

4.擬定改善方案

問題的真實原因找到之後，就應該擬定改善方案，以消除產生問題的原因，使問題不再復發。對於動作改善，可以參考動作改善四原則，幫助擬定改善方案。

改善方案擬定之後，應該與相關人員檢查其中是否有缺失遺漏，使之進一步完善，避免產生負作用。

現場改善方案的制定原則是要找到根本原因進行根本解決。

表 6-4-3　動作改善四原則

序號	改善原則	目的	實例
1	排除 Eliminate	· 排除浪費 · 排除不必要的作業	①合理佈置，減少搬運 ②取消不必要的外觀檢查
2	組合 Combine	· 配合作業 · 同時進行 · 合併作業	①把幾個印章合併一起蓋 ②一邊加工一邊檢查 ③使用同一種設備的工作，集中在一起
3	重排 Rearrange	· 改變次序 · 改用其他方法 · 改用別的東西	①把檢查工程移到前面 ②用台車搬運代替徒手搬運 ③更換材料
4	簡化 Simplify	· 連接更合理 · 使之更簡單 · 去除多餘動作	①改變佈置，使動作邊境更順暢 ②使機器操作更簡單 ③使零件標準化，減少材料種類

5.改善方案的實施

改善方案確定以後，就該集中相關人員進行說明訓練，將任務分派下去，並對改善過程進行追蹤監控。一旦有不理想的地方，還應及時進行調整。

6. 改善效果確認

改善方案實施完成後，應收集各方面數據，與改善之前的數據進行比較，確認改善是否達成了預想的目標。由於生產現場的目標離不開 PQCDSM(效率、品質、成本、交期、安全、士氣)幾個方面，所以以下數據收集比較也就順理成章了：

①產量、稼動率、能率、作業時間。

②不良率、合格率、客戶抱怨件數。

③材料損耗率、人工成本、間接人員比例。

④按時交貨率、平均延遲天數。

⑤安全事故件數、安全檢查結果。

⑥違紀件數、改善提案件數、員工離職率、員工抱怨件數。

企業可以根據自己工作的特點尋找效果確認的項目，收集有關數據，進行效果確認。

7. 標準化

倘若效果較為明顯，就應透過標準化加以維持。制訂新的作業標準書、現場整理佈置規範、安全操作規程、工程巡視要點等文件並正式發佈實施。這樣也就完成了一個工作改善的循環，進入下一個循環。

標準化是企業持續改進的基石，是企業實現持續發展和管理沉澱的必然選擇，我們可以透過一個模型來闡述標準化對於改善的重要性。

表 6-4-4　動作要素改善檢查表

動作要素	檢查重點
空手	環境的佈置是否可以使空手的動作距離變短？ 手的動作能否從上下改變為水準的方向？ 伸手途中有無障礙物導致方向改變？
抓	放置材料的容器是否方便抓的動作進行？ 抓住物品的位置和方向能否更便捷？ 使用的工具是否便於抓住？
搬運	搬運的距離是否可以更短？ 搬運途中有無障礙？ 是否可以進行自動輸送，使搬運簡化？ 是否可以使用搬運工具使搬運輕鬆化？ (5)工具能否以彈性方式懸掛？
修正位置	可否使用導軌或擋塊進行定位？ 物品的角度、形狀能否配合定位進行改變？ 可否透過設計使定位不會出錯？
組合	(1)是否可以使用固定裝置或誘導裝置方便組合？ 能否依次裝配很多件？
分解	能否使用工具進行分解？ 可否一次分解很多件？
使用	工具的大小、形狀、重量能否改變？ 拿工具的位置能否簡單化？ 工具、儀器、設備的使用能否簡單化？

續表

動作要素	檢查重點
放開手裏的東西	放下時，是否可以不必太注意？ 放下的位置能否改變？ 能否使用工具簡單地放下？ 放下的同時能否進行其他動作？
檢查	檢查的動作可否省略？ 能否使檢查簡單易行而結果依然準確？ 幾項檢查能否同時進行？ 是否可以使用樣品對照檢查？
尋找	物品是否沒有混雜？ 物品是否定位、定量放置？ 在作業位置是否不放置不必要的物品？ 標識是否清楚？ 能否使用顏色管理？ ⑹物品能否擺放在作業者視野之內？
選擇	物品是否擺放整齊？
思考	可否做到不必思考？ 必須思考的作業，能否將要點事先整理出來？
預定位	能否在抓取時同時進行預定位？ 是否可以使用輔助裝置協助定位？ 預定位的動作能否去除？

續表

動作要素	檢查重點
保持	保持的動作能否避免？ 能否使用輔助裝置進行保持？ 能否使物品易於保持？
不可避免的遲延	真的不可避免嗎？ 能否縮短延遲的時間？ 實在不可避免時，能否同時進行其他動作？
可以避免的遲延	原因是否找到？ 避免遲延的方法有效嗎？
休息	休息的時間能否安排在一起？ 能否改善環境使作業者不易疲勞？ 怎樣儘快從疲勞中恢復？

第七章

豐田的現場準時生產

準時生產(just-in-time)是指在正確的時間生產正確數量的正確產品，場否則就會導致浪費。

豐田公司於20世紀50年代引入了準時生產的概念以應對當時一些非常具體的問題，這些問題包括：市場需求分散，需要多種產品，每種產品的需求數量少；激烈的競爭；產品價格固定或不斷下跌；快速發展的技術；資本成本高；有能力的工人要求更高層次的參與。

傳統的批量製造商「推動」(push)其產品穿過生產系統，而不考慮實際需求。主進度計劃(master schedule)是根據預計的需求制定的。各個部門每天都會接到訂單，生產總裝線需要的零件。因為換模具所需的時間很長，所以大批量生產十分常見。

因此，為了滿足生產計劃，下游通常不是生產太多就是生產太少的部件。即便是最好的 MRP 系統也會與工廠的實際生產狀況脫鉤。很多時候，MRP 系統擁有一個負責按時供應物料的支援系統，以便出現緊急短缺情況時將零件運送給最需要它的地方。

MRP系統變得越來越複雜。為了找到潛在的瓶頸，系統中加入了產能規劃模塊(capacity planning module)，以確定每一工序的機器生產能力(machine capacity)。20世紀90年代，MRP升級成了複雜且昂貴的企業資源規劃(enterprise resource planning，ERP)軟體，以服務於整個企業，包括生產、物流、維護、品質和人力資源部門。實際結果低於預期，尤其是在物流規劃方面更令人失望。

出於對推式系統(push system)缺點的敏感，軟體供應商們還開發出了支援精益和流的ERP系統。它們更有效嗎？購買者還是謹慎一些吧！

1 準時生產的基本原則

豐田公司於20世紀50年代引入了準時生產制，並不斷地完善它。準時生產在美國只是曇花一現，然後就枯萎了，原因是水土不服。

準時生產有以下幾個簡單的原則：

· 不要加工任何東西，除非顧客下訂單。

· 令需求平穩，以使在整個工廠內工作可以順利地進行。

· 使用簡單的視覺化工具(看板)將所有流程與顧客需求連接

在一起。

· 最大化人力和設備的彈性。

拉式(pull)生產意味著，除非下游顧客要求，否則上游的工人就不會生產產品或提供服務。在最典型的拉式系統中，顧客拿走產品，而我們去堵住由此產生的缺口。應用「拉動」概念有一點複雜，讓我們來看一個例子。

假設你的豐田凱美瑞 2000(Toyota Camery2000)是藍色的，倒車時撞上了一根柱子。你去當地豐田汽車經銷商處安裝上了一個保險杠。這就在經銷商的儲備區造成了一個「洞」。這個「洞」向當地豐田配件配送中心(PDC)發出一個信號:「請給我們送一個藍色豐田凱美瑞 2000 的保險杠(以填補我們為顧客更換後留下的空缺)。」

PDC 向經銷商配送了一個用以替換的保險杠，並向它的上游配件再配送中心(PRC)發出一個信號，在那裏，豐田的供應商將其零件發送出來。PRC 將一個藍色豐田凱美瑞 2000 保險杠配送給 PDC，並向保險杠製造商發出一個信號:「請為我們製造一個藍色豐田凱美瑞 2000 的保險杠。」這個保險杠製造商會安排時間生產這一保險杠。

圖 7-1-1 顯示了保險杠製造商與經銷商之間的 3 個「拉動環節」。

圖 7-1-1　透過三個環節進行拉動

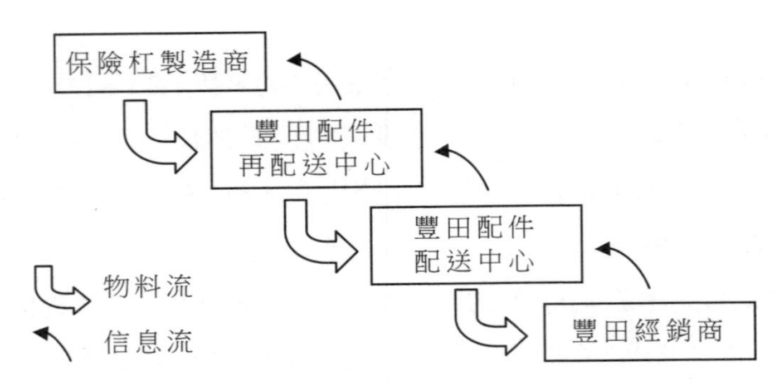

如果沒有拉式系統，經銷商將不得不擁有大型零件貯藏庫。PRC 和 PDC 將不得不建立巨大的倉庫，並承受與之相關的浪費和高成本。即使是這樣也不一定能保證快速交貨。倉庫越大，就越難保持對零件的追蹤。如果你的保險杠需要訂制，那麼你可能需要等上幾個星期，以便讓保險杠製造商生產一個出來，然後再等待系統交付給經銷商。

拉式系統能夠控制在製品的數量。系統中看板卡、容器、工廠地面上足跡等的數量確定了在製品數量的上限。

這反過來又促進了下列指標的改善：

· 減少了週期時間——與利特爾法則一致。

· 降低了運營成本——我們不用再訂購那麼多的原材料，或生產那麼多的在製品和製成品庫存。

· 提高了品質——缺陷不會再被大批量複製，並更容易被快速發現。

· 改進了人機工效學——零件容器不再那麼大、那麼多了，因此搬動重物的工作減少了。

· 提高了安全性——沒有那麼多堆高車在工人身邊呼嘯著駛過了。

在一個純粹的推式系統中，沒有在製品上限。如果嚴格遵守根據 MRP 系統生成的生產進度的話，換句話說就是沒有根據工廠條件進行調整的話，很容易出現在製品大量增加的情況——那時候，生產計劃將遙遙領先於生產，在製品將淹沒整個工廠。

拉式系統節省下來的錢可以讓經銷商投資於更多的修理廠、更好的診斷設備或加強店面機械師的培訓。同樣，PDC 和 PRC 節省下來的錢可以用在公司的進一步發展上，或用於改善公司的底線。

2 豐田的準時生產方式

豐田公司理解準時生產的本質——讓價值流動起來，以使客戶可以拉動生產，準時生產方式由以下兩部份組成：

· 看板(kanban)。一套視覺化工具(通常是信號卡片)，它可以為工廠內外的供應商與顧客帶來同步，並為它們下達指令。

· 生產均衡化(production leveling)或平準化(heijunka)。它支持標準作業和持續改善。其目標是每天都保持在同一步調下生產，以最小化工作量的波動。奇怪的是，均衡化還支援快速適應需求波動。

看板與均衡化反過來又依賴於以下幾項活動：

1.快速的機器轉換，它使企業可以對每天的客戶訂單做出快速反應，並最小化等待浪費。

2.透過 5S 系統實施視覺化管理，它使得生產環境對於整個團隊透明化並能協調行動。

3.強有力的流程，意思是指有效的方法、能夠勝任的工人和高效的機器：

· 有效的方法是指標準作業，它為持續改善提供了基礎。這也意味著將自動化應用於最小化並消除次品的行動中。

· 能夠勝任的工人是指工人們都是具有多種技能的解決問題者，他們能夠在不同工作間輪換，並參與改進活動。

· 高效的設備是指利用 TPM 和 5S 來消除六大損失(設備故障、設置和調整延遲、閒置或輕微中斷、速度的降低、流程缺陷和減少產量)的行動。

心得欄 --

----

3 生產要均衡化

大多數裝配部門都發現，安排長期生產一個產品型號並避免換模具更容易一些。但是我們最終會付出沉重的代價。交付期會成倍增長，因為如果有顧客想要使用與當前生產的這批產品有一些不同的產品時，我們將很難為他們提供服務。因此，我們不得不投資於成品倉庫，以希望我們手中正好有顧客想要的產品。

批量生產也意味著我們會成批地消耗原材料和零件，這就增加了在製品庫存。產品品質會變差，因為一個簡單的缺陷會被複製到整批產品上。工人們經歷著不均衡性——即，有些生產線十分忙碌，而有些則非常清閒——這同樣會降低效率。工作中的不均衡性導致工人過度疲勞，也會影響安全和士氣。

為了理解顧客的需求，我們需要先理解以下內容：

· 需求量(volume)——它如何隨時間變化？是否有可預見的高峰和低谷(如情人節、母親節、節假日)？我們的業務是季節性的嗎？簡單的需求變化圖是一個很有用的工具。移動平均線圖也可以對那些需求顯得特別混亂的情況起到幫助作用。

· 組合(mix)——人們需要那些產品和服務？產品數量分析是一個很有用的工具。它要求為每一產品的銷售數量製作條形圖。我們通常會發現，20%的產品佔 80%的銷售量(帕累托法則）。

· 變化(variation)——每種產品的需求變化如何？為各個產品找出需求的變異係數(COV)是很有用的(變異係數＝標準偏差÷均值)。

可以根據需求量、組合和變化分析將產品分為以下：

· 規律需求產品(runners)：數量大、頻率高、需求變化低的訂單(即變異係數小於 1)。對於規律需求產品，我們可以使用專門的生產線進行生產。

· 重覆需求產品(repeaters)：適中的數量和訂單頻率，適中的需求變化(即變異係數在 1～1.5 之間)。我們可以將重覆需求產品和相似的部件集中在一起，然後在工作單元中進行生產。

· 不規律需求產品(strangers，「賣不掉的產品」)：數量小、頻率低、需求變化高的訂單。我們傾向於按訂單進行生產。

生產均衡化和平準化是指在長期中均衡地分配生產量和產品組合。舉例來說，與上午全部組裝 A 產品、下午全部組裝 B 產品這種生產方式相比，我們會輪流小批量地組裝 A 產品和 B 產品。

在定拍工序，生產組合的均衡程度越高，則隨著我們在定拍工序均衡組合生產的深入：

· 我們的交付期就越短。

· 我們需要的成品和在製品庫存就越少。

· 操作員體會到的不均衡性和過度疲勞就越少。

事實上，與標準作業一樣，看板系統也是以生產均衡化為基礎的。生產均衡化也有助於我們確定對人員、設備以及材料的需求量。假設工作量的變化如圖 7-3-1 所示。如果我們將生產能力設定為滿足高峰時的需求，那麼在低谷期間就會出現利用率不足的情況。如果我們將生產能力設定為滿足低谷期的需求，那麼我們的人員、設備以及供應商就會在高峰時經歷過度疲勞的痛苦。

圖 7-3-1　工作的高峰與低谷

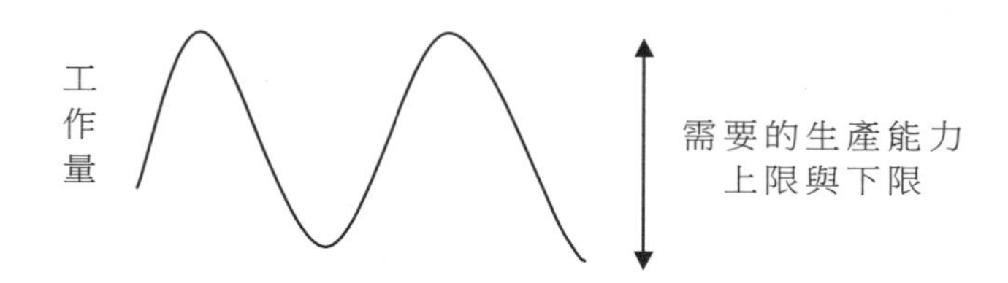

 對顧客需求變化的回應

我們如何去適應不斷變化的顧客需求呢？有三個選擇(按偏好順序排列)：

· 利用成品庫降低每天的需求量變化。

· 每個班次加一會兒班，或偶爾在星期六加班。

· 根據需要調整節拍時間，並穩定操作員數量。

前兩個選擇可以輕鬆地應用於日常生產中，穩定操作者數量的同時調整節拍時間卻很困難，因為這還要改變標準作業圖表，並且重新培訓和重新調配人員。老的精益設施擅長此類活動，但新的精益製造設施則可能會在最初階段經歷一番掙扎。我們應該至少在一個月內保持新的節拍時間。

幸運的是，精益生產單元通常使用能夠靈活應對顧客需求的小型、簡單、便宜的設備。在設計工廠佈局的時候，應該充分地加以考慮。

在豐田公司，透過實行每天加一會兒班或臨時的週末加班來應對需求量的小規模變化，而透過調整節拍時間來應對大規模的季節性變化。我們透過開發標準作業以預先對不同的節拍方案做好準備。

5 生產均衡櫃

生產均衡櫃(heijunka box)是一個生產調度工具，它以可視的方式告訴我們什麼時候加工、加工什麼和加工多少。生產調度員通常根據當天訂單的取貨看板填寫均生產衡化櫃。在 A 型拉式系統中，生產均衡櫃(如表 7-5-1 所示)的行和列分別對應著：

・ 工廠或部門製造的產品數量(行)。

・ 節拍時間或單位制造時間(pitch)。

在 B 型拉式系統中，生產均衡櫃只有一行，並且主要用於根據所需零件安排生產順序。C 型拉式系統同時使用 A 型和 B 型生產均衡櫃。

表 7-5-1　生產均衡櫃——A 型拉式系統

時間(數量)：

顧客	產品	1	2	3	4	5	6	7	8
福特	A	○		○		○		○	
福特	B		△						
通用	C				Φ			Φ	
	總計	○	△	○	Φ	○	△	○	Φ

在這種情況下，產品△和產品中的加工時間要長於產品○。按照圖示的方式填寫生產均衡櫃可以幫助我們平衡工作。如果△和Φ沒有排定，工人們就會努力維持節拍與標準作業。

6 拉式系統的三種類型

選擇正確的拉式系統是精益實施的一個重要組成部份。

1. A 型拉式系統

A 型拉式系統是最常見的，當顧客取走零件或產品時，它要求補充或堵住由此產生的成品或零件「商店」的缺口。看板卡提供生產授權並透過生產均衡櫃來排定生產順序。

成品庫位於生產線的尾端。成品庫的大小取決於生產和取貨的速度。製造產品所需的所有零件都存放在生產區域，通常在一個小型倉庫中。同樣，生產線旁邊的零件數量也取決於生產和取貨的速度。

在顧客訂單頻繁、交貨期短且穩定的情況下(如汽車零件行業)，A 型系統最有效。這一系統需要一些成品和在製品庫存。我們面臨的挑戰是提高生產能力以使我們可以不斷地減少庫存。事實上，在製品和成品庫的大小與流程生產能力成反比。

2. B 型拉式系統

B 型拉式系統主要用於訂單頻率低或交貨期長的情形(如訂制產品生產商)。與 A 型系統相比，其定拍工序往往處在更上游的位置。下游的工作按 FIFO(先進先出)方式進行。看板卡提供生產授權，並透過 B 型生產均衡櫃[也稱排序櫃(sequencing box)]安排生產順序。

為了使訂制流程接近連續流，我們必須在每一個工序中都維持先進先出流，並且仔細控制從每一步的 FIFO 鏈中釋放出的工作量。

生產產品所需的小型部件被存放在生產線沿線，通常是放在一個小型倉庫裏。如果可能的話，大型昂貴的部件不儲存在現場，以降低庫存成本。B 型系統保有很少在成品庫存，或根本沒有成品庫存。

在豐田劍橋工廠，我們的裝配線是一個 B 型拉式系統。零件由一個 A 型拉式系統提供。我知道維持生產順序是至關重要的。如果不這樣做，那麼工廠裏將到處都是零件。我們在各部門間保留著緩衝庫存，對這些緩衝庫存的管理是維持生產順序的重要環節。

緩衝庫存的大小與工廠的生產能力成反比——工廠的生產能力越強，緩衝庫存就越少。正在苦苦掙扎的製造商通常要建立一個單獨的建築，在那裏，他們試圖修補遭到破壞的生產順序。

3. C 型拉式系統

C 型系統是 A 型系統和 B 型系統的結合，並使它們並行運行。高頻率訂單透過 A 系統來實現，低頻率訂單則透過 B 系統來生產。看板卡提供生產授權，並且分別透過 A 型生產均衡櫃和 B 型生產均衡櫃來安排生產順序。它適用於各種拉式系統。當製造商既生產訂貨頻率高的產品也生產訂貨頻率低的產品時，C 型拉式系統就是最有效的。

心得欄 ------------------------------

第八章

豐田工廠的看板管理與目視管理

看板是一個用來實現準時生產的視覺化工具。通常，它是一個裝在長方形塑膠封套中的卡片。看板是生產或者取貨的一個授權，並且還可能包含下列相關信息：

· 零件或產品的供應商。

· 顧客。

· 存放的位置。

· 運輸的方法(即容器的大小和運送方法)。

電腦螢幕上的電子信息也可以被當成是看板。等到電腦技術有了更大的進步，生產出每個人都能看到的大螢幕時，就可以應用這種技術了。

1 告示牌的機能

「看板」是豐田公司生產系統執行準時生產和自動化體系的重要工具。「看板」的作用主要體現在四個方面。

⑴生產現場的操作人員可以根據「看板」進行作業，並判斷所需時間的長短。

⑵使管理者、監督者的職責明確化。

⑶使問題明確化，有利於員工針對問題提出解決建議。

⑷有利於縮減工時、減少庫存、消除不良品、防止再發生故障。

告示牌是作業指示的情報，這也正是告示牌的第一個機能。也就是「什麼時候以某種方法生產，搬運某種東西於某種數量」的情報會自動被提出的自動指示裝置。

只要看看告示牌，對於生產量、時期、方法、順序、搬運量、搬運的地方、放置的地方、搬運的工具、甚至容器等等都可以一目了然。一般的企業對於所謂「何時、何物、何種數量」內容的情報，都以裝置計劃表、搬運計劃表、生產指示量、交貨指示票等帳票的方式傳遞到現場。又如：生產方法、搬運的地方、放置的場所等的情報，幾乎都是以作業標準書等的方式被放置於現場的桌角，可是作業員很難以遵守，以致變成了作業不良的一個原因。因此，為了：⑴無論何時都能展開標準作業⑵應看現場的實態，指示能夠自動的出來⑶防止有關單位多餘的工作，以及非數據性的紙張氾濫等等，告示牌視需要而產生。

告示牌的第二個機能是必需跟現實之物一起活動。「告示牌是用眼睛看的管理道具」，為了具體的表現這一點，第二機能甚至比第一機能更為重要，只要使現場之物與告示牌一致就可以使以下幾點變成可能。

1. 無法從事多餘的生產

2. 可獲知生產的優先順序(告示牌被屯積者必需趕工)

3. 對現場貨物的管理會變成很簡單。

所謂「告示牌」的名稱，是出自以後將敍述的標準作業票，各現場的組長把各自的作業內容寫在現成的紙張上面，掛在工作場地，使每一個作業者都能夠一目了然，也就是說，構想得自「招牌」。同時也藉掛告示牌的舉止表示：這裏的作業按照告示牌的內容進行，絕無虛假。如有虛假之處一分錢也不取。同時，很可能為了混淆外人的視聽，故意取這個「告示牌方式」的名稱，叫人猜不透它的含義。

心得欄 ----------------------------

2 告示牌現場管理的六個規則

凡是一切號稱為道具的東西，只要能夠活著使用，它就會成為達到目的的有效武器，如果使用錯誤的話，反而會變成阻礙一個人達到目的的兇器。為了有效率的管理作業現場，告示牌是很好的道具，但是使用不當的話，也會變成「阻礙達到目的的兇器」。下面要敍述的是運用告示牌的前提條件，也就是使用告示牌的規則。

1. 第一個規則：不把不良產品送到後工程部門

製造不良產品，意味著為了賣不出去的東西而投入資材、設備以及勞力。這是最浪費的一件事，嚴重違反了企業減低成本的目的。因此一旦發現了不良產品，必需優先講求防止再發生的對策，使不良產品不致於再被製造出來。

為了徹底實施撲滅不良產品的活動，第一個規則「不把不良產品送到後工程部門」，可說是最為重要的。其理由是，只要遵從第一個規則就能夠──

⑴使製造不良產品的工程，能夠立刻發現不良產品的發生。

⑵如果放置不管的話，不是後工程部門的作業要停止下來，就是不良產品會堆積在本工程部門，以致該工程的問題會被認真的檢討，使管理員以及監督者不得不一致採取防止再發的對策。為此，一旦不良產品被製造出來時，必需使機械自動停止或者叫停作業，於是附帶有人智的自動作業想法又登場。萬一有不良產品混入時不

得不更換。如果承包工廠送來的貨品中有不良產品的話，那就不必重寫交貨卡片，可以叫他們在下次交貨時把不良產品的數目補充就可以了。如果每一個工程部都不能保障推出 100%優良產品的話，告示牌方式本身就會崩潰的。

2. 第二個規則：後工程部門來領取

在必要的時期，由後工程部門的人員來領取必要量。如果在非必要時，製造必要以上的東西，提供後工程部門的話將產生種種損失。也就是說，使作業員多餘地加班的損失，使庫存品太多而招致的損失，設備本來就有餘裕，在不知情之下增設的損失，反過來說，由於不能明顯的抓住已經成為瓶頸的設備，以致對策太遲而招致損失，而最大的損失就是：為了製造不必要之物，以致無法製造必要之物。

為了避免這種損失，第二個規則極為重要。為了確實遵守這個規則，應該如何著手呢？

只要遵守，第一的規則「勿使不良產品流入後工程部門」，一旦本工程部門發生了不良產品就不難發現。因此，不必從其他地方取得情報。就能夠供給必要的物質。至於後工程部門的必要時期與量，本來就無法以自己的工程抓到的。換句話說，必需從其他的地方獲得情報，方才能夠知道。

不妨改變「供給後工程部門」的想法，而改變為逢到必要的時期，由後工程部門領取必要之量。簡單的說，是改變為「由後工程部門來領取」。從最後工程部門的車輛裝配，到最初工程的材料出庫為止，如果都能夠做到必要時期去領取必要量的話，每一個工程部門對於何時必需供給後工程部門多少量的情報，根本就不必從其他處獲得。

只要把供給的想法改變為「領取」，就可一舉找出解決難題的方法。到了這種地步就可以使「後工程部門來領取」的第二個規則固定下來。同時，為了防止後工程部門胡亂來領取，非把規則具體化不可。

沒有告示牌不能來領取，不能領取告示牌張數以上的數量，現場的東西，一定要掛上告示牌。

為了後工程部門能正確地遵守第二個規則，上述運用告示牌的三大原則是必要的。

3.第三個規則：只生產後給工程部門領走的量

此規則等於延長第二個規則的「只生產後工程部領走的量」的第三個規則的重要性，必需檢討第二規則，才能夠充分的理解。在這種情形之下，條件是把本工程部門的在庫量控制到最小限額。必需遵守的原則是不能生產告不牌張數以上的東西，依著告示牌出來的順序生產。

只有如此，第三個規則才能夠發揮其效果。更重要的是，只要遵守第二及第三的規則，所有的生產工程就會有如一條輸送帶所連結一般，發揮出非常良好的效果，換句話說，可以成立所謂的同期化。

只要想起輸送帶式生產線的導入，對於作業的標準化以及成本的減低有如何的幫助，即可瞭解同期化所持有的巨大意義。

4.第四個規則：生產均衡化

要徹底遵守「只製造後工程部門領走的量」的規則，必需保有適當的人員以及設備，以便使所有的工程部門在必要時期生產必要的量。逢到這種場合，如果後工程部門對於時期以及量方面，以四零五散的方式來領取的話，除非前工程部門的人員或設備方面有餘力，否則的話是無法應付的，可見越是前工程部門越需要有餘力。

然而，對這一類事情絕對不能承認。如果沒有什麼餘力的工程部門想應付後工程部門的話，在有餘裕的時期必需從事先行生產。無論怎麼說，這種違反規則的「只生產後工程部門取走的量」的行為，非排除不可。在這個節骨眼裏「使生產均衡化」的第四個規則就會登場，所謂的平衡化生產也就是豐田生產方式的基礎。

5. 第五個規則：告示牌是調整手段

告示牌的機能也就是「自動指示裝置，以及對作業員指示作業的情報」。因此採用告示牌的場合，不會再有裝置計劃表、搬運計劃表等的情報被提供，告示牌將成為生產以及搬運指示的唯一情報，作業員只依賴著告示牌作業。因此，生產的均衡化特別重要。

如果不實施生產均衡化的話會產生什麼問題呢？例如某壓縮零件開始更換工程的程序，一直到零件被壓縮提供後工程部門為止，前後耗費 4 個小時。我們現在就設定，發出一張告示牌，指定在壓縮零件留在倉庫 5 小時以上就得開始裝置。但是後工程部門的生產倍增以後，5 小時的庫存實際上在 2 小時 30 分就會被後工程部門領走，但是在壓縮工程方面還沒有完成零件，所以 4 小時減 2 小時 30 分等於 1 小時 30 分，在這 1 小時 30 分內處於完全缺貨的狀態。

如果為了能夠應付這種場合，庫存的時間增加到 2 倍的 10 小時的話，遇到普通的生產量時，將留下多餘而不必要的庫存品，因此這種事是做不得的。假如前工程部的人擔心「後工程部會不會領走很多？」或者說「這一回請早些裝置吧！」送來告示牌以外的特別情報的話，現場勢必會混亂起來。透過這種檢討，對於運用告示牌的場合，我們對於「生產均衡化」的重要，將可以更進一步的理解。

我們就不難瞭解，告示牌只能應付生產的微調整而已。換句話說，只有把告示牌當成微調整的手段使用，才能夠發揮其巨大的力量。

6.第六個規則：確定使工程安定化、合理化

第四個規則「使生產均衡化」，使我們能夠一面保證對後工程部的供給，一面達成儘量減低成本的目的，可是，我們必需牢記第六個規則——工程的安定化及合理化。

透過規則「不把不良產品送到後工程部門」，我們理解了「自動化」的重要性，如果不把所謂的「不良」限制於不良產品，而擴大到「不良作業」的話，我們就更容易瞭解第六個規則。換句話說，所謂的不良作業，就是沒有充分實施作業的標準化、合理化之故，以致作業方法以及作業時間產生了浪費、不均勻以及不合理，自然就跟不良零件的生產不無關係。如果不解除這種不良的話，根本就無法一面對後工程部門保證供給，一面減低成本。透過工程的安定化、合理化的努力，才能夠實現自動化「生產的均衡化」，有了這種保證，才能夠充分發揮其價值。

六條規則必需下很大的一番努力才能夠遵守。倘若不遵守這些規則，就算導入告示牌方式，它也無法發揮出效果，根本就談不上推進減低成本的活動。一旦你認為告示牌是有助於減低成本的現場管理的道具，那麼，你就得克服任何的困難，遵守上述的六個規則。

3 使用各種告示牌的技巧

豐田生產方式中的看板分為兩種：傳送看板和生產看板。傳送看板用於指揮員工將零件在前後兩道工序之間移動；生產看板用於指揮生產現場內員工的生產內容，包括所需生產的零件及其數量。傳送看板和生產看板的例子如圖 8-3-1 所示。

圖 8-3-1 傳送看板與生產看板

傳送看板

零件型號：XX-XXX　　零件描述：裝飾鉚釘
所需批量：20　　容器：8cm×10cm 鐵質框
卡片數量：2/4　　取貨地點：XXX
工作設備：2124　　送貨地點：XXX

生產看板

零件型號：XX-XXX　　零件描述：裝飾鉚釘
所需批量：20　　容器：8cm×10cm 鐵質框
卡片數量：3/4　　取貨地點：XXX
工作設備：2124　　送貨地點：XXX
要求：XXX
原料型號：XX-XXX　　模具型號：XX-XXX
換模時間：5 分鐘　　存儲位置：XXX

告示牌以後工程部為起點，遵循以下階段：

1. 後工程部的搬運人員，帶著必要數目的領取用告示牌以及空的搬運台(容器)，利用叉式起重車或台車載著，到前工程的零件放置場 A。那個時期，被拿下的領取用告示牌，也就是事前被決定的一定枚數被集存於領取告示牌的箱子(收取箱，或者文卷存檔)的時候，或者決定時間定期的去領取。

2. 後工程部的搬運人員到倉庫領取零件時，必需取下掛在搬運台內零件的生產指示告示牌(請注意，各搬運台都附有一張告示牌)，然後把那些告示牌放入收容箱。搬運人員又得把空的運搬台放在前工程部人員所指定的地方。

3. 搬運人員在取下一枚生產指示告示牌時，必需掛上一枚領取用的告示牌。如此交換兩張告示牌時，必需小心的注意對照，領取用告示牌是否跟相同貨物的生產指示告示牌符合。

4. 當後工程部開始作業時，必需把領取用告示牌放入該告示牌的收容箱裏面。

5. 在前工程部方面，在一定時間或一定數量的零件被生產時，必需以生產指示告示牌從告示牌收容箱被收集，以及生產指示告示牌在倉庫被取下的順序，把生產告示牌放入收容箱裏。

6. 以被放入該收容箱的生產告示牌順序生產零件。

7. 這些零件與告示牌，在進行加工之際，必需以一對之物的形態移動。

8. 在這一項的工程完成零件加工時，那些零件與生產指示告示牌將被放置於倉庫，以便後工程部的搬運人員隨時都能夠來領取。兩種告示牌的連鎖，必需不斷的在種種的前工程存在才行。結果使各工程部能夠在必要之時領取必要之物於必要量，使全部工程能夠達成合乎時機的生產。此種告示牌的連鎖，在各工程部以週期時間生產一單位制品時，對於實現生產線的同期化有幫助。

4 看板的形式

看板有兩種形式，第一種是生產看板，它詳細說明了上游流程(供應商)必須生產的產品種類和數量；第二種是取貨看板，它詳細說明了下游流程(顧客)可能會取走的產品種類和數量。

它們一前一後地工作，如圖 8-4-1 所示。裝配線使用部件 a、b、c 來裝配產品 A、B、C。裝配線在零件「商店」用取貨看板來「購買」指定類型和數量的部件 a、b、c。由此帶來的缺口會為流程 1、2、3 生成一張生產看板，它們將生產部件以填補缺口。

圖 8-4-1 看板循環

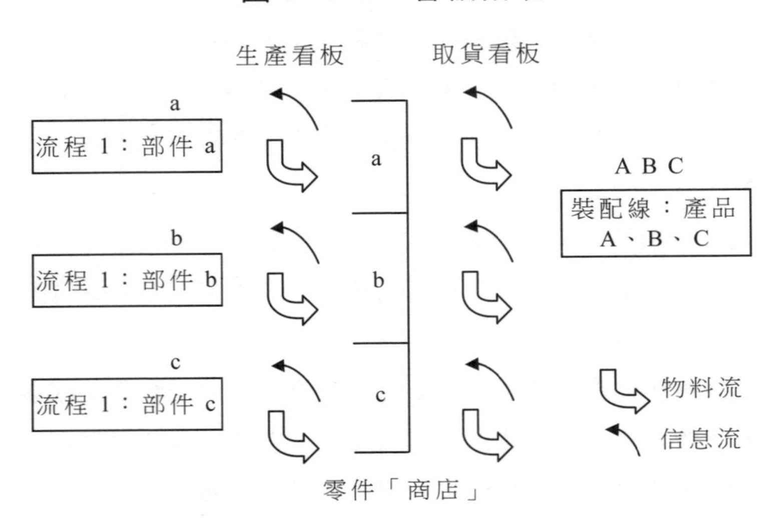

取貨看板和生產看板在供應商流程中交換。零件和產品始終與看板一起移動。我們只生產已經被取走的產品，並且按照取貨的順序進行生產。我們從不將次品裝運。

如果零件庫短缺部件 a 該怎麼辦？顧客將會把取貨看板交給流程 1，這將中斷其他的工作並滿足這一訂單的需求。圖 8-4-2 和圖 8-4-3 分別展示了生產看板和取貨看板。

圖 8-4-2　生產看板

存儲區域______	部件編號______	工序
產品名稱______		
生產類型______		
數量/容器______	零件箱類型______	焊接
交付區______	卡片編號______	SB-4

圖 8-4-3　取貨看板

儲存架______	產品編號______	上游流程
產品名稱______		
生產類型______		
零件箱容積______	零件箱類型______	後續流程
看板卡號______		

人們對豐田看板有很多比喻，如：豐田公司有生產計劃嗎？

準時生產就意味著不需要生產計劃嗎？事實上，豐田公司擁有長期、年度和月生產計劃。這些計劃都是根據手頭上的經銷商訂單和對各種時間框架下需求量的估計而制定的。生產計劃有助於確定人員和零件的需求，並幫助確保有足夠的生產能力以滿足顧客的需求。各種預測被精煉為一張 10 天訂單，然後再據此制定每天的生產計劃。豐田公司希望 10 天訂單的變化在±10%之內。這個關鍵的微調就是由看板來完成的。

豐田公司的每日生產計劃都是為定拍工序（通常是裝配線）制定的。衝壓、焊裝和噴漆等部門以及供應商都是透過看板與定拍工序相連接的。

· 加工或取走零件或成品的授權。
· 錢。沒有錢就不進行生產。
· 顧客的聲音：「請給我製造……」
· 一個使生產與「定拍工序」保持同步的齒輪系統·

齒輪的比喻尤為準確。機械齒輪使各個不相干的部份與核心部份的運動保持一致。同樣，看板也使各個不相干的生產流程與「定拍工序」之間保持同步。只有這樣，顧客才能透過定拍工序拉動生產。

定拍工序（pacemaker process）是與顧客的連接點，生產計劃在此過程中制定。在定拍工序的上游，生產由看板系統來決定。舉例來說，假設每天的顧客訂單是 A、B、C 每個產品 100 件。這一訂單變成了定拍工序的生產看板，然後利用上游流程加工的零件進行生產，上游流程會生產整個拉動環節中所消耗的零件。

看板系統只需要一個生產進度表（production schedule）——這是一個巨大的優勢。因此，對於不可避免的客戶需求變化和其他一些不穩定的根源，工廠可以更容易地進行調節。相比之下，在推式系統中，我們必須一次次地重新安排生產流程中的每一點，這可能會花上幾天或幾星期的時間。便利的調度解放了主管和經理，使他們有精力去從事改善活動。

可見性是另一大優勢。生產控制板上堆積起來的看板告訴我們：生產落後了——客戶下了訂單，但我們卻沒有生產它。相反，如果控制板上的看板數低於最低水準，就意味著我們應該暫停這一部件的生產。

我們將完成的部件放置於一個「商店」或超市中。顧客將到這裏來「購買」部件。「商店」是一個受控的零件倉庫，它可以透過某種形式的看板系統來為上游流程制定生產計劃。正如我們將要看到的，看板的規則之一是不能向顧客(無論是內部顧客還是外部顧客)提供有缺陷的產品。這與店主承諾不向顧客銷售有缺陷的產品是一樣的道理。

我們的理想狀態就是廢除「商店」，實現單件生產。但是，出於以下原因，我們並非總能做到這一點：

⑴週期時間不匹配。一些流程(如衝壓)運行的週期時間很短，並且需要更換模具以生產多種產品。而其他一些流程(如注塑成形、熱處理、染色)的週期時間則較長，並且需要頻繁地更換模具。在這種情況下，單件流是不現實的。

⑵距離。一些流程(如在供應商處完成的流程)離工廠很遠，因此一次運送一件產品是不現實的。

⑶流程不穩定性或交付期(lead time)長。一些流程太不可靠，以至於不能與同一生產單元的其他流程直接配合。而其他一些流程的交付期又太長，以至於不能成為生產單元的一部份。

從長遠角度來說，我們也許能用一些更簡單的單件流設備來取代大型、複雜、適合批量生產的機器。

零件庫中的 5S 和視覺化管理為我們提供了所需的信息：

· 在那裏？

· 是什麼？

· 有多少？

· 現在我們應該生產那一個？

· 需要生產多少？

· 生產出來後，它們將被送到那裏？

我們的生產環境將會是透明的。生產的產品太多可能意味著生產能力得到了過度提高或出現了品質或機器問題。幾乎空無一物的「商店」可能意味著我們的生產能力不足，也許要讓團隊同仁加班了。

心得欄 ------------------------------

----

5 物的看板管理

為了實現多樣少量的生產，並使成本大幅度降低，豐田乃實行其獨特的「看板管理」。

所謂「看板」，就是作業情報的指示。通常是利用一張長約二十公分，寬約九公分的紙片，將「何物、何時、生產數量、生產方式、搬運放置」等情報，明顯地表示出來。

圖 8-5-1　工程看板

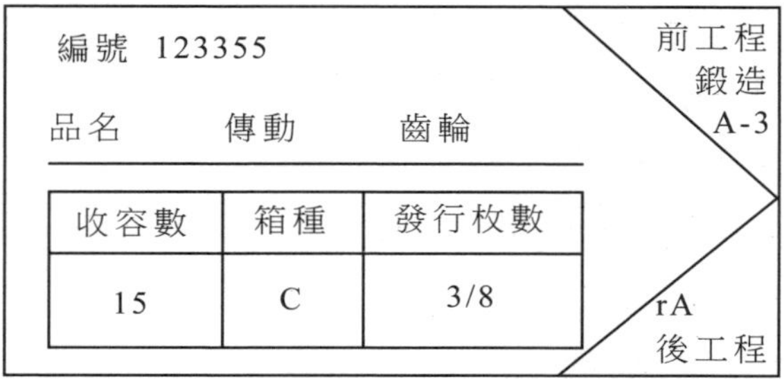

編號 123355

品名　傳動　齒輪

收容數	箱種	發行枚數
15	C	3/8

前工程 鍛造 A-3

rA 後工程

零件的前工程為鍛造 A-3，每箱裝 15 個零件，零件箱的形狀為 C。這看板是發行 8 枚中的第 3 枚。

看板管理所使用的紙片是放在塑膠袋內，其形狀、大小可由各工程、工廠來自行決定。圖 8-5-1 就是豐田所使用的看板。

「看板」是一種以肉眼觀看的管理道具，它的目的包括了「及時生產」、「減少工時」、「降低庫存」、「治滅不良品」等。王於看板的使用原則，以下列六點來說明。

1. 由後工程自行到前工程去領取零件

豐田將從前「由前工程把零件供給給後工程」的程序倒轉過來，改成在必要的時候，由後工程自行到前工程去領取必要數量的零件。這樣一來，每個工程所獲得的情報都是及時且正確的，自然不會有「因製造不必要的物品，而未能製造必要物品」的缺點了。

在實行這個原則時，為了防止後工程的自行濫取，豐田特別規定下列事項：

⑴沒有看板就不可取用零件。

⑵不可取用此看板數字更多的零件。

⑶所有零件都必需附上看板。

2. 前工程只生產後工程取用的數量

為了避免多餘的生產及很費的庫存，豐田的每個工程只生產後工程取用的數量。其規定包括下列二點：

⑴不可生產超過看板所示之數量。

⑵依看板出現的順序逐項生產。

3. 不送不良品給後工程

製造不良品，就是對無法出售的產品、設備、及勞力發下資金，這是一種最大的浪費。因此豐田將「不送不良品給後工程」當作撲滅不良運動的首要項目。為了確實做到這點，豐田引進自動化設備來自動檢查不良品。

4. 實施平準化的混合生產

為了應付「多樣少量」的市場需求，豐田實施了小批量的混合生產。我們以下面的例子來說明。

可樂娜/車種	每月需求量	每天生產量（以 20 日，每日 8 小時計）	生產時間
A	4800 輛	240 輛	2′
B	2400 輛	120 輛	4′
C	1200 輛	60 輛	8′
D	600 輛	30 輛	16′
E	600 輛	30 輛	16′

在決定了生產所需時間後，就要實際分配作業流程了。

假如 A～E，是以專用生產線來進行組合，則在 A 在線每隔二分鐘輸送一輛車，而在 E 在線每十六分鐘輸送一輛車(如圖 8-5-2 所示)。

現在把五條專用生產線合併成一條混合生產線，則如圖 8-5-3 所示。

圖 8-5-2　專用生產線時

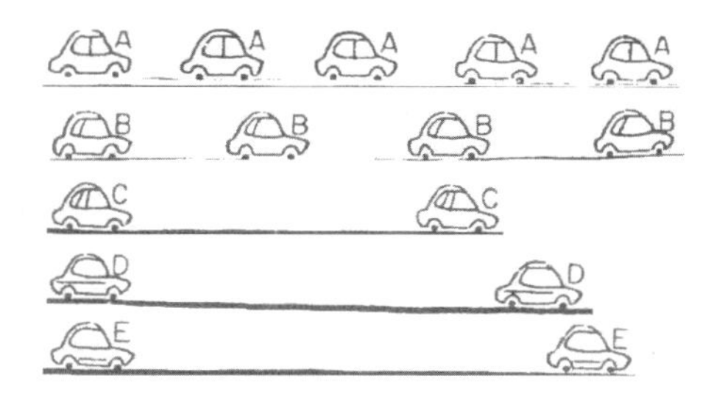

圖 8-5-3　平準化生產下的混合生產線時

實施平準化的混合生產方式，可達到「少量多樣」及「降低庫存」的目的，這是適應高頻率流通的生產方式。

但是，實施平準化生產，則必需不停地調換模具，這就必須藉助於作業標準化。將換裝的程序予以標準化而製成標準手冊，以後則照樣反覆不停地訓練、再訓練，即可縮短時間至最低限度。

5. 看板是微調整的手段

看板能對作業員發出作業指示，但要注意的是，看板只是微調整的手段。

如某衝壓部門，從開始沖模一直到零件沖好，並供應給後工程共需四小時。這時看板指示：衝壓件庫存變為五小時以下時，即開始準備沖模。

但是，當後工程的生產突然倍增，則五小時的庫存，在 2 小時 30 分就被後工程取完。這時衝壓零件尚未完成，因此 4 小時減去 2 小時 30 分等於 1 小時 30 分，這 1 小時 30 分就成了完全缺品的狀態。

由此可知，看板只能做到微調整，在需求量激增或銳減時，就必需重新安排生產線及計算週期時間。

6 人的看板管理

豐田生產方式也被稱為「以人為中心」的生產方式。

豐田將人員作靈活的運用，在必要的時候，把必要的人數供給到必要的地點，這就是「人的看板管理」。不過，人有感情，也有能力的差異，所以不容易做到像零件一般「正好及時」的供應。但是既然是「以人為中心的生產方式」，就不得不配合生產需求的多寡來調度人員，使「固定費用轉變為流動費用」，否則就無法降低成本了。

說簡單一點，就是從需求低的生產線抽出人數，用來補充需求量大的生產線，豐田稱之為「支持、受援」。而為了實現這種機動作業方式，作業員不得不學習各種不同的技能。因為從作業員的立場來講，這是①週期時間，②作業內容，③範圍，④裝配，⑤作業順序等各方面的變更，因此平日就必須接受訓練，才能勝任工作。

而其具體可行的做法，可以分為以下三個階段：

⑴幹部輪調

⑵組內輪調

⑶一天數次的輪調

第一階段：幹部輪調

在豐田，工作輪調計劃首先是從幹部開始實施。因為如果想對一般作業員實施工作輪調、多能工化，則必須由幹部先行示範。

以豐田市的堤工廠（員工約六千人，每日生產可樂娜(CORONA)、卡利娜(CARINA)、賽利加(CELICA)約 2000 輛）為例，該廠實施幹部輪調製度，其實施率為：

1977 年　24%

1978 年　65%

1979 年　80%

這種輪調製度，使幹部得以建立新的人際關係，學習新的技能與知識，陶冶寬厚的人品，並增進其管理的能力。

第二階段：組內輪調

隨著幹部的輪調計劃，一般作業員的輪調也同時進行，當然其目標在於作業員的多能工化。

具體的做法是要求全部作業員，須學習、精通以組為單位的生產線作業(工程)。大約以 3 年的時間，使組內的多能工化比率達到 100%。

多能工化比率＝每人習得工程數之總和/(組內工程數×人數)

第三階段：一天數次的輪調

組內的工作輪調計劃完成以後，則在一天內做數次的作業輪調並不是件難事。這是依作業的內容、作業員的能力做有計劃的交替，藉以避免因工作單調而產生的精神疲乏。同時，一天數次的輪調可改善工作現場的氣氛，提高作業員的士氣，還可做到工作的公平分配。據豐田堤工廠的經驗，工作輪調的結果，已出現了好的影響。

首先，由於工作內容一天改變數次，自然就有現場工作氣氛轉換的效果，而減輕了疲勞感，因而不小心所引起的失誤也減少了。

其次，由於作業員有了工作平等的感受，全體作業員的精神獲得平衡。此外，由於鄰接作業員經常更換，無形中擴展了員工的人際關係。

另外，由於員工想保留「個人技術秘密」的想法已被破除，因此大家皆能以開敞的心胸來觀察全體流程，這對提案改善制度有很大的幫助。

「人的看板管理」在使成本趨向合理化的同時，也使「人的可能性」變得更加擴大。這是豐田看板管理所蘊涵的「力量」之一。

7 目視化管理的內容

目視管理是指透過符號、線條、特別是色彩指明事物本來應當呈現的狀態，使不管是誰都能很容易地看出正常或是異常的狀態。

目視化管理在企業實際應用過程中有眾多不同的稱謂：視覺化管理、看得見的管理、一目了然的管理、用眼睛來管理的方法。

目視化管理就是能夠使現場所發生的問題一目了然，並能夠儘早採取相應對策的機制或管理方法。它直接給企業經營活動提供支援，能夠提升生產效率並降低成本，簡化管理者、監督者的管理業務並提高其效率，提高現場管理者、監督者的管理能力。

1. 目視化管理的作用

目視化管理由於其管理方法簡單，適應性較強，在企業內部受到眾多管理者的歡迎和追捧，目視化管理的內容最能夠體現企業管理的痕跡，逐步實現企業管理的沉澱，其表現狀態多種多樣，以下從具體的應用狀態來闡述目視化管理的狀態。

⑴提高工作環境的改善。

從責任區的規劃開始，使物品堆放井然有序，通道暢通無阻，到處充滿了看板、標示，以塑造「一目了然」的工作場所，既可提高效率、又可減少浪費，主要活動項目如下：

⑵提高品質管理的水準。

經由目視管理的預知效應，可以掌握品質的趨勢、異常、問題點，而採取防止再發或防患未然的對策，進而提高品質管理的水準。

⑶提高安全管理的措施。

從機械的除鏽、油漆開始，進行配管、閥門、開關類的標示，及進行安全標示的統一製作等。

⑷提高設備自主保全的水準。

採用目視管理，使相關人員易於點檢、加油等保養工作，以確保設備的初期機能。

2. 目視化管理的內容

⑴規章制度與工作標準的公開化。為了維護嚴格的紀律，保持大工業生產所要求的連續性、比例性和節奏性，提高工作生產率，實現安全生產，凡是與現場工人密切相關的規章制度、標準、定額等，都需要公佈於眾；與崗位工人直接有關的，應分別展示在崗位上，如崗位責任制、操作程序圖、技術卡片等，並要始終保持完整、正確和潔淨。

⑵生產任務與完成情況的圖表化。現場是協作勞動的場所，因

此，凡是需要大家共同完成的任務都應公佈於眾。計劃指標要定期層層分解，落實到工廠、班組和個人，並列表張貼在牆上；實際完成情況也要相應地按期公佈，並用作圖法，使大家看出各項計劃指標完成中出現的問題和發展的趨勢，以促使集體和個人都能按質、按量、按期地完成各自的任務。

⑶與定置管理相結合，實現視覺顯示信息的標準化。在定置管理中，為了消除物品混放和誤置，必須有完善而準確的信息顯示，包括標識線、標識牌和標識色。因此，目視化管理在這裏便自然而然地與定置管理融為一體，按定置管理的要求，採用清晰的、標準化的信息顯示符號，將各種區域、通道，各種輔助工具(如料架、工具箱、工位器具、生活櫃等)均應運用標準顏色，不得任意塗抹。

⑷生產作業控制手段的形象直觀與使用方便化。為了有效地進行生產作業控制，使每個生產環節、每道工序能嚴格按照期量標準進行生產，杜絕過量生產、過量儲備，要採用與現場工作狀況相適應的、簡便實用的信息傳導信號，以便在後道工序發生故障或由於其他原因停止生產，不需要前道工序供應在製品時，操作人員看到信號，能及時停止投入。例如，「看板」就是一種能起到這種作用的信息傳導手段。

各生產環節和工種之間的聯絡，也要設立方便實用的信息傳導信號，以儘量減少工時損失，提高生產的連續性。例如，在機器設備上安裝紅燈，在流水線上配置工位故障顯示器，一旦發生停機，即可發出信號，巡迴檢修工看到後就會及時前來修理。

生產作業控制除了期量控制外，還要有品質和成本控制，也要實行目視化管理。例如，對於品質控制，在各品質管理點(控制)，要有品質控制圖，以便清楚地顯示品質波動情況，及時發現異常，及時處理。工廠要利用壁報形式，將「不良品統計日報」公佈於眾，當天出現的廢品要陳列在展示台上，由有關人員會診分析，確定改進措施，防止再度發生。

⑸物品的碼放和運送的數量標準化。物品碼放和運送實行標準化，可以充分發揮目視化管理的長處。例如，各種物品實行「一物一位」碼放，各類工位器具，包括箱、盒、盤、小車等，均應按規定的標準數量盛裝，這樣，操作、搬運和檢驗人員點數時既方便又準確。

⑹色彩的標準化管理。色彩是現場管理中常用的一種視覺信號，目視化管理要求科學、合理、巧妙地運用色彩，並實現統一的標準化管理，不允許隨意塗抹，這是因為色彩的運用受多種因素制約。

透過目視化管理的工具，將工作現場的所有一切事態加以標準化，並作為簡易的判定基準。使有關的人、尤其是管理者與監督者，不管是誰都能發掘異常、浪費、問題點，同時有能力立刻採取因應對策。

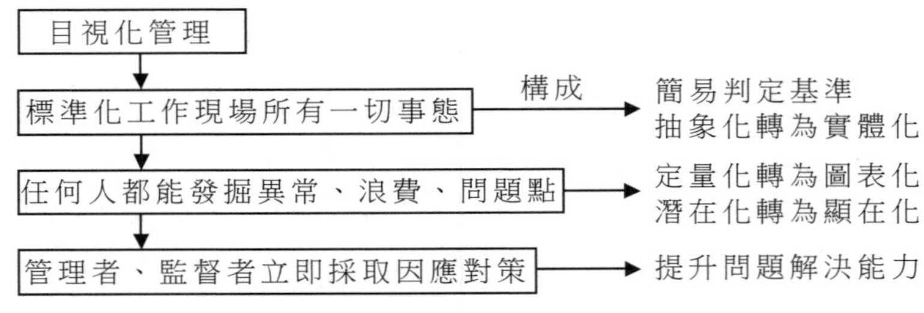

目視化管理在企業推進過程中採取循序漸進的方式推行。

⑴初級水準。顯示當前狀況，使用一種所有工人都能容易理解的形式。

水準	目視化管理內容	參考例（液體數量管理）
初級水準	．管理範圍及現狀明瞭	．透過安裝透明管，液體數量一目了然 150 100 50

⑵中級水準。誰都能判斷良否（管理範圍）。

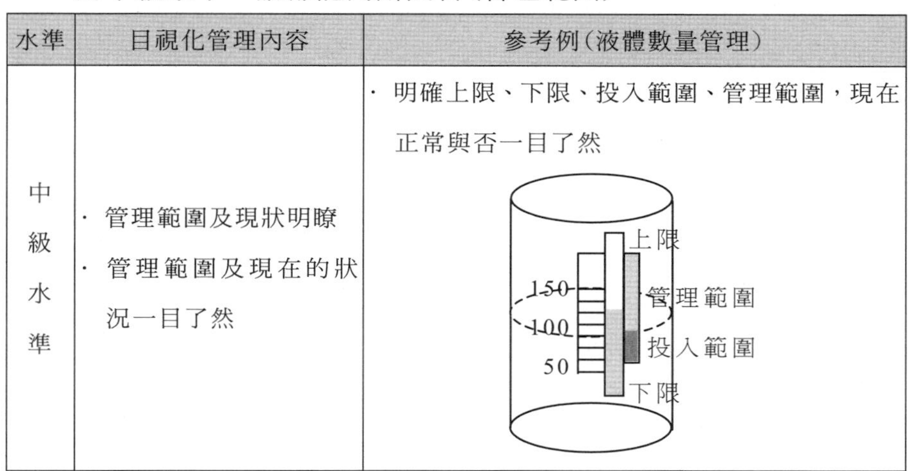

水準	目視化管理內容	參考例（液體數量管理）
中級水準	．管理範圍及現狀明瞭 ．管理範圍及現在的狀況一目了然	．明確上限、下限、投入範圍、管理範圍，現在正常與否一目了然

⑶高級水準。管理方法(異常處置等)都列明。

水準	目視化管理內容	參考例(液體數量管理)
高級水準	· 管理範圍及現狀明瞭 · 管理範圍及現在的狀況一目了然 · 異常處置方法明確、異常管理裝置化	· 異常處置方法、點檢方法、清掃方法明確，異常管理裝置化 管道清潔用具 上限 150 管理範圍 100 投入範圍 50 下限 原料缸管理標準： 1.清掃方法 2.點檢方法 3.異常處理

現場目視化管理的案例

目視化管理是利用形象直觀、色彩適宜的各種視覺感和信息來企業現場生產活動，達到提高工作生產率目的的一種管理方式，在企業實戰過程中面向不同的對象，也會採取不同的標準和方式，以保證目視化的效果能夠得到最大化的發揮，而目視化管理針對不同的對象進行。

1. 目視板管理目視化實戰

企業管理實質上是對管理信息的捕捉和分析以及決策的過

程，而管理過程的信息多數存在於管理者腦海之中，透過目視板使管理信息顯示出來，透過大家分享管理信息使決策更加準確和高效。

目視板管理目視化涉及辦公信息、生產信息、管理信息等多個方面。

2.定置圖管理的目視化實戰

為了在企業內部有效地實現生產、信息、物流的流暢，可以為相關人員提供區域識別圖，以在物流和信息傳遞等方面實現快捷和高效，區域佈置目視化工作為我們提供了明確的方向。

定置圖目視化管理工作涉及工廠區域、下藝流程、標準作業等多個方面，下圖是定置圖目視化的實戰案例。

3.區域管理目視化實戰

為了使企業內部有效運作，需要有效的區域指示標識來指明區域的狀態和位置，為供應商、企業員工、物流活動和機動車輛的活動提供方向，使各種人員明確所在的位置和注意要素，從而為提高企業的經營提供支持。

區域目視化管理工作涉及工廠區域、生產區域、物料區域等多個方面。

4.現場定置管理目視化實戰

生產製造現場包括使用的設備、工具、工裝、物料和辦公清潔設備設施，它們構成了現場管理的主體，若使每一個人員都能夠有效地操作這些硬體設施，就可以提高操作效率，也會對管理的安全和現場 5S 產生正向作用。

現場定置管理目視化涉及工具定置、工裝定置、辦公用品定置等多個方面。

5. 標籤標牌管理目視化實戰

物料、設備、工具和工裝的狀態，以及其各個環節的控制要求都需要透過標牌來顯示，這樣可以提高操作者和管理人員的效率，也為我們依賴於設備、工具以及工裝的穩定性降低錯誤的概率。

標籤標牌目視化管理工作涉及物料、設備、工具、工裝等多個方面。

6. 音頻視頻管理目視化實戰

企業在經營過程中的管理難度不斷加大，為了靈活地應對市場的變化和挑戰，管理者對信息的依賴程度越來越高，透過音頻和視頻效果，讓現場的信息迅速而高效地暴露在管理人員的面前，從而形成外界的刺激推動企業問題的解決。音頻視頻目視化管理工作涉及音頻、視頻等多個方面。

7. 安全管理的目視化實戰

安全第一、預防為主成為制造型企業經常掛在口頭的警示語，安全生產是需要開展相當專業和系統的工作才能夠得到保證，企業的安全管理工作需要全體員工共同參與到企業的管理中去，但安全思想和意識的管理是工作的一個重點。安全管理目視化是保證工廠生產安全的一項非常有效手段，企業在日常安全管理培訓和安全意識引導的同時，也需要把相應的安全要素目視化出來，顯示安全的管理要求，使任何到達存在安全隱患區域的人員得到提醒和警示。

安全管理標準目視化管理工作涉及交通、消防、設備操作、化學藥品、通道等多個方面。

第九章

豐田公司的提案改善活動

1 員工參與的目標

5S 系統、全員生產維護和標準作業都是實現員工參與的重要管道，理解員工參與的目標是很有幫助的。

所有的員工參與活動的明確目標都是透過以下幾點來提高生產率、提高品質、降低成本、縮短交付期、改進安全性和環境，以及提高士氣(PQCDSM)：

- 解決具體問題(例如，透過開發防錯技術來增強防錯措施，透過改變工廠佈局來縮短步行時間，減少換模具的時間等)。
- 減少爭議[例如，開發生產分析板(production analysis board)以使所有人都能清楚地看到當前所處的狀態，應用5S 系統以便能夠很容易地找到任何物品]。

· 減少風險(例如，透過減少人機工效學負擔、消除夾點和其他危害或實施防錯技術以消除零件的缺陷)。

· 更深層次的目標是提高員工的能力。我們從來不缺少難題。但是如果提高了員工的能力，我們就會更有信心面對未來。

2 豐田改善圈活動

改善圈活動(kaizen circle activity)也許是豐田最著名的員工參與活動。20 世紀 80 年代，北美的汽車公司試圖模仿日本汽車公司的成功，使改善圈活動流行一時。

改善圈活動帶來了很多好處。例如：

(1)提高了團隊成員做到以下幾點的能力：

· 作為團隊的一部份開展工作。

· 領導一個團隊。

· 清晰而有邏輯地思考問題。

· 解決問題。

(2)樹立員工的信心。知道自己為公司的成功做出了貢獻，員工們的感覺會很好。他們已經做好準備迎接下一個挑戰。

(3)用「成百上千雙手」來共同攻克難題。

1. 改善圈的結構

有問題亟待解決的經理往往會啟動改善圈並擔當發起人。改善圈通常由 6～8 名團隊成員組成，他們一般每週召開一次長度約為 1 小時的會議，持續 6～8 週。

改善圈通常是以向管理層介紹取得的成果並提出未來的行動而結束。

表 9-2-1　改善圈的各角色及其責任

角色	責任
改善圈成員	出席會議 貢獻想法 選擇並分析問題 推薦並執行解決方案 做報告
促進者	參加培訓 在解決問題的過程中領導團隊成員 出席改善圈會議 完成並提交改善圈活動會議記錄
顧問	參加培訓 視需要提供技術或管理意見 出席改善圈會議 協助向管理層的報告工作
改善圈培訓者	開發並進行培訓 如果有必要，參加改善圈會議 如果有必要，提供解決問題培訓 收集會議記錄並向管理層報告
經理	鼓勵改善圈的形成和員工參與 定期檢查改善圈的進展並提出意見 批准建議 參加報告會

2. 改善圈活動培訓

為了成功領導一個改善圈，改善圈成員必須接受以下培訓：

・行政技巧。如何主持改善圈會議、分配任務、做會議記錄、準備報告等。

・腦力激盪。如何讓所有改善圈成員參與的同時產生想法。

・解決問題。

・報告技巧。如何向管理層報告討論結果。

在豐田公司，改善圈活動培訓會在 4 個小時以內完成。

3. 改善圈活動的管理

改善圈活動需要一個管理部門對其進行促進和管理。主要的管理任務是：

・創建標準化格式以支持改善圈。

・登記註冊新的改善圈。

・記錄每個改善圈的成果。

・報導大量使用的改善圈活動成果和發展趨勢。

・培訓。

在豐田工廠，人力資源部作為管理部門管理所有的員工參與活動。

9-2-2　改善圈活動(報告格式樣本)

起始日期：　　　　　　　　　　　　預定完成日期：

<table>
<tr><td>找到的問題：</td><td>改善圈主題：</td><td>改善圈話題：</td></tr>
<tr><td colspan="2">改善圈顧問：________
改善圈領導：________
改善圈成員：(1)________
(2)________
(3)________</td><td rowspan="2"></td></tr>
<tr><td colspan="2">團隊名稱：</td></tr>
<tr><td>問題的選擇</td><td>問題說明</td><td rowspan="2">對策(制定和執行)</td></tr>
<tr><td colspan="2">目標</td></tr>
<tr><td colspan="2">活動計劃</td><td rowspan="2">6. 對策確認</td></tr>
<tr><td colspan="2">根本原因分析</td></tr>
</table>

4. 改善圈活動的推廣

豐田公司透過以下幾個方式推廣改善圈活動：

- 在生產區域和其他必經之路如員工通道入口設立報告板。改善圈活動板應該描述改善圈活動的流程和目標，並祝賀改善圈取得的成果。
- 開展廠內改善圈競賽並按類別(如生產率、安全、品質、成本和環境）實行獎勵。

· 開展廠際改善圈競賽。

在公司總部舉行並由高級管理人員評判的廠際改善圈競賽具有很高的激勵作用，特別是對年輕員工。

在豐田公司，我發現，經理的支持是最好的改善圈活動推廣方式。這意味著公司就各個區域的重大問題以及管理層對改善圈活動的期望同員工進行日常交流。改善圈活動的主題（如品質或安全問題）應該簡單明瞭，以便容易開展討論。隨著團隊成員變得越來越內行，改善圈活動可以將重點放在具體的公司目標上，如減少某一特定類型的品質缺陷或改善總裝作業的人機工效學。此外，經理們還必須做到以下幾點：

· 考慮如何在他們的區域內增加改善圈活動。

· 定時檢查各個主題、預計完成日期和本區域內各改善圈的狀況。

· 親自同改善圈成員進行檢查。一句簡單的「進展如何」或「還有什麼問題」就大有幫助。

· 積極支持那些原來的想法遇到麻煩的改善圈，並提出建議，以確保每一個改善圈都能取得實際的成果。

· 親自觀察每個改善圈取得的成果，並親自感謝每一位組員為之付出的努力。

3 現場提案改善的成功關鍵因素

1. 溝通

與各個班次工人和主管的溝通是現場改善培訓成功的關鍵。這包括對現場改善培訓目標的預先討論和對做實際工作的團隊成員想法的積累。對流程和設備的改變建議必須得到每一班次的確認。

2. 掌握情況

現場改善培訓成員必須掌握實際發生的事情，也就是度量實際的週期時間、在製品庫存、機器性能等。他們必須將工人實際所做的事情與已有的標準作業圖表進行比較。兩者之間常常存在不一致之處，這表明存在著流程問題。

3. 解決問題

現場改善培訓成員必須是嚴格利用 PCDA 循環確認每一個行動的技術專家。所有的變化都必須立足於觀察與度量。在豐田公司，有一件奇特的事情：我們在學校並沒有受到很好的有關科學方法方面的教育。實際上，在豐田公司，對科學方法全方位的深入理解也許是公司最強大的力量。

4. 主管的作用

豐田公司有一種說法：「主管是全能的。」誠然，主管可以說是精益取得圓滿成功的關鍵。他或她的作用不只是生產所需數量和品質的產品，同樣也是領導改善的關鍵。

對領導力的改善有四個層次：

· 第一個層次是告訴團隊成員需要做什麼。

· 第二個層次是告訴團隊成員如何去做。

· 第三個層次是與團隊成員一同做。

· 第四個層次是讓團隊成員為自己去做，並透過提出問題激勵他們學習。

知道如何提出問題是一項很重要的技能。精益導師是不會告訴團隊成員答案的。相反，他指導學生們自己去尋找答案。

豐田傑出的提案制度

有效的提案制度(suggestion program)將團隊成員的想法直接引導至管理層，並鼓勵團隊成員的積極性。

豐田公司在推廣員工建議時所付出的巨大努力令人十分驚訝。他們的最高目標就是激發每一個人的積極性加入改進的行列。成功的提案制度有幾個特點：順暢的流程；快速向團隊成員提供決策與回饋；公平——任何小組都沒有得到不公平回報的權利；推廣；內部與外部的獎勵。

1. 順暢的流程和明確的規則

提案制度的規則應該簡單明瞭，同時應為週轉時間和獎勵措施制定標準。一種有效的做法就是獎勵給每一個建議一定的受惠點

(benefit point)。組員們可以積累他們的受惠點，也可以將其兌現，公司還可以提供禮券來代替現金。建議表格應該保持在一頁紙以內，並涵蓋以下信息：

- 來源信息(如提案者、部門、日期和類似的識別信息)。
- 建議的主題(如安全、品質、成本控制、生產率、空間和環境)。
- 目前的狀況。
- 建議的更改(改善)。
- 改善的成果。
- 數字支持的成果。

主管應該幫助其團隊成員完成並提交提案，提案的規則與標準應該列在表格的背面，並且應該包括切實的和無形的提案。

2. 切實的提案

這些提案可以帶來實實在在的節省，如金錢、空間、時間(勞動)或其他可測量的節省。

- 節省費用：消耗的材料或能源更少。
- 非勞動力節約：運輸費用、包裝成本減少。
- 勞動力節約：停工時間或維修時間減少。
- 人機工效學負荷：工作負荷降低。
- 空間：所需的工廠空間減小。

3. 無形的提案

這些提案能帶來可識別的改進，但並不能直接產生金錢、時間或空間等方面的節約。

- 安全：消除了一個危險因素。

· 品質：預防了一個缺陷的產生。

· 5S 系統：麻煩減少了。

· 環境：消除了潛在的零件滑落風險。

4.快速的決策和回饋

對於回饋應該實行一套不變的標準，例如：我們將在一週內對所有提案做出回應。清晰的流程和標準支援快速週轉。提案評估人的作用也至關重要。

評估人評定提案並就重視等級提出建議。每個部門都必須有足夠的評估人以滿足提案週轉時間的標準。

在豐田，邀請評估人參加提案制度晚宴，在這一活動中推出「年度評估人」大獎。

5.公平

一些團隊如維護團隊，可能會不公平地獲得提案制度帶來的好處。由此造成的反感可能會影響提案制度的威信。力圖制定能夠帶來公平競爭的規則。

6.推廣

提案制度應該透過以下途徑進行推廣：

· 報告板，懸掛於工廠和員工通道入口處。

· 晚宴，人們會在那裏找到傑出的提案者和評估人。

· 定期向管理者報告並回饋流程及其成果。

度量永遠都是有用的。相關的度量指標包括：

· 提案的總數。

· 每位團隊成員的提案。

· 主管參與比重。

· 批准的比例。

· 獎勵的受惠點。

· 每位團隊成員的平均受惠點數。

· 無形提案的比例。

然而，豐田公司並不過分強調這些數字。例如，豐田公司不會設定每年的目標數量，否則就會發現一些區域的主管可能會在月末的時候催促其團隊成員以達到要求的提案數量。相反，我們應該讓提案數字自然地增長。

7. 內部與外部的激勵

外部激勵包括現金和禮物，它們是提案制度最常見的獎勵。但是，它們也許並非是最強有力的激勵因素。心理學文獻表明，內部激勵也許更重要，例如：

· 同仁的認可。

· 對一個更廣泛的目標或價值的貢獻，諸如環境或安全。

· 領導能力或其他技能的發展。

· 個人成長和自我實現。

我個人的經驗證實了內部激勵的力量。然而也不可忽視，現金和禮物獎勵有著不可替代的位置。

8. 如何激發提案

企業文化是所有員工參與活動成長的基礎。管理者們必須透過樹立價值觀以鼓勵提案，如：

· 開放。

· 互信。

· 團隊協作。

・ 顧客導向。

・ 培訓。

豐田公司開發了一個年度文化方針(規劃)以加強這些價值觀。

對於一個處境困難的工廠來說，做到這一點更不容易。記得一位老工人曾說過：「我來這裏工作了 30 年，這是第一次有人徵求我的意見。」

區域主管和經理有責任去激發各自區域團隊成員的參與活動。以下是他們可以做到的一些具體的行動：

・ 在工作區域中設立「我有什麼困擾」板，或稱「提案種子板」(suggestion seed board)。它們由以下幾個標題組成的矩陣構成：問題、可能的對策、下一步的做法和結果。

・ 團隊成員開會地點的提案記錄冊(seed book)。

・ 針對部門和公司重大問題的團隊腦力激盪會議。

每月或每季的主題也能提供很大的幫助。在豐田公司，最有效的季主題之一就是「人機工效學——工作場所內正確的動作」。我們收到並實施了成百上千個優秀的建議，這幫助我們減少了員工的過度疲勞問題。環境主題也被證明很有效。有一項提案引發了全廠範圍內的重覆利用制度，一直延續至今。

9. 數量第一，品質其次

任何提案制度的經驗都是「數量第一，品質其次」。通常要過 3～5 年，提案程序才能產生足夠數量的提案(如每位團隊成員每年提出 5～10 條提案)。當提案達到了一定數量後，才能夠專注於品質。

10. 年度文化方針

應該有一個公司年度文化方針以設定改善圈活動、現場改善培訓和提案的目標。改善圈活動的目標可能包括：

· 改善圈活動成果目標。完成的改善圈數、成功的改善數和節省的金錢數。

· 改善圈活動流程目標。參與的成員數、培訓的成員數、改善圈的品質、改善圈活動培訓的品質和參與改善圈活動成員的滿意度。

員工參與是精益製造的核心。員工參與有助於開發團隊成員的個人能力，並增進我們對長期成功的期望。主管和經理對維持員工參與起著至關重要的作用。員工參與活動必須做到公平且不會遇到麻煩，而且應該同時滿足外部和內部激勵的需要。應該有一項年度文化方針以支持和維持員工參與。對員工參與的管理應該做到像生產或品質管理那樣靈活有效。

心得欄 ------------------------------------

第十章

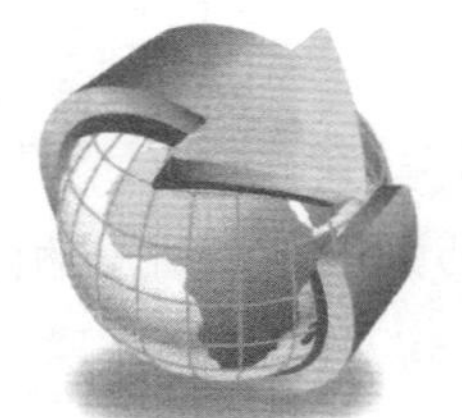

豐田的現場防呆技術

防呆技術的日文是 POKA-YOKE，是由日本豐田汽車公司的工程師新鄉重夫利用被稱作 Poka-yoke（pronounced POH-kah YOH-kay）的設備創立的一套品質管理方法。防呆技術的應用能夠防止人為錯誤的發生，或是讓人一眼就能夠找到出現錯誤的位置。

1 防呆技術的意義

在生產過程中，員工可能會因疏漏或遺忘而發生作業失誤，由此導致的缺陷在品質問題中所佔的比例很大，如果能夠有效防止此類失誤的發生，則品質水準和作業效率都會得到大幅提高。為了達到這一目的，不妨選用防呆技術和自動化的方法。

防呆的作用在於使錯誤發生概率降至最低，甚至任何錯誤都不會發生。

早期的照相機是手動過膠捲包裝，按下快門後，忘記過膠捲，第二次按下快門後導致上一張照片再次曝光，造成兩張照片同時曝光。對此，可以考慮在快門上設計一裝置，未過膠捲時快門無法按下；如果加裝自動過膠捲的馬達過片器，則按下快門後自動過膠捲。這就是防呆技術的一種應用。

2 防呆技術的應用範圍

在現代企業的生產活動中，防呆技術的應用非常廣泛。

⑴疏忽或遺忘。

⑵對過程或作業不熟悉。由於不熟悉作業過程或步驟，員工作業產生失誤的情況在所難免，例如讓一個剛剛經過培訓的新手開始一道其不熟悉的工序。

⑶識別錯誤。識別錯誤就是對工作指令或理解有錯誤。

⑷缺乏工作經驗。由於缺乏工作經驗，員工很容易產生失誤，如讓一個從未在企業中工作過的人進行製造過程管理，就比較容易產生錯誤。

⑸故意失誤。由於操作者的故意行為而導致的失誤，例如操作者為了發洩對其主管的不滿，而故意進行錯誤的操作。

⑹行動遲緩。由於操作者判斷或決策能力過慢而導致的失誤。

⑺缺乏適當的作業指導。由於缺乏作業指導或作業指導不當，發生失誤的概率相當高。

⑻突發事件。由於突發事件而導致操作者措手不及，從而引起失誤。

3 需要反覆提問

1. 反覆提問 5 次為什麼，不給失誤留有餘地

反覆提問 5 次為什麼，最早是由豐田生產方式的創始人大野耐一先生提出的。在後面我們會詳細地解釋，這其實是一種尋找問題真正原因的非常有效的方法。下面我們就先來粗略地理解一下這個理念。

某生產廠商，為了徹底地執行「反覆提問 5 次為什麼」，製作了解決問題的五原則。

⑴為什麼在低溫時會出現停機的狀態？

低溫沒有設置在正常的運轉值之內。

⑵為什麼低溫沒有設置在正常的運轉值之內？

零件本身的電流降低，會引起運轉的異常。

⑶為什麼零件本身的運轉會出現異常？

拆開零件，發現是其中的智慧控制系統出現了異常。

⑷為什麼智慧控制系統會出現異常？

經過智慧控制系統的生產廠商的分析，確保了類似的狀況不會再次出現。

⑸為什麼類似的狀況不會再次出現？

生產廠商找到了出現問題的真正原因，並對相關的設計進行了改進。

這種追根結底的提問方式，可能很多人都會感到不可思議吧！尤其是在問到第 4 個和第 5 個為什麼的時候。不過，在最後說出「找到了出現問題的真正原因」的時候，反覆提問的重要性自然就清晰呈現了。如果將類似的事故解決報告交到上司手中，相信他們一定會非常驚喜。其實，恐怕連提問的人本身可能也沒有想到會得出這樣的結果。所以說，這是對待突發事故的一種最好的解決方式。

2.改變為了管理而管理的現狀，做好防患未然的準備

我們以前輩留下的遺訓為基礎，一邊繼續構築嚴密的管理體系，一邊還要避免陷入為了管理而管理的教條主義之中。不過，這種嚴密的管理體系，確實能夠降低索賠的數量和生產的成本，因此，大家還是在非常努力的過程中。其實，這時最需要考慮的就是防患未然的問題。

防呆技術的運用原理

防呆技術的有效運用需要做好很多工作，運用的主要原理如下。

⑴相符原理。保持生產的相符狀態，防止錯誤發生。以形狀相符為例，可以不同的連接線設計為不同的形狀，有利於更方便地連接。

⑵順序原理。將工作以「編號」的方式完成。例如，在流程單上記錄工作順序，按照數字編號執行；許多檔案放在同一個資料櫃內，每次查閱後再放回時容易放錯地方，可以透過編號來解決這個問題。

⑶層別原理。以不同顏色區別不同意義或工作內容。例如，文件夾用紅色代表緊急文件，用白色代表正常文件，用黃色代表機密文件。

⑷自動原理。以各種電學、力學、機構學、化學等原理限制某些動作的執行，以免發生失誤。例如，電梯超載時，電梯門無法自動關上，不能上下，同時鳴起警告提示音。

⑸隔離原理。用分隔區域的方式，避免造成危險或錯誤現象發生。例如，將危險物品放入專門的櫃子中，並由專人保管。

在具體工作中，導致工作效率低下的因素很多，務必要具體問題具體處理。例如，對於控制失效，可以採用生產自動化（生產中出現品質問題時自動停產)、互鎖生產順序(保證在上一項操作完成之前下一項操作不開始)、全部完成信號(在問題處理完成後給予工作信號)等方法來處理。

5 防呆技術的應用要點

防呆技術能夠簡化操作，降低操作者的勞動強度，提高效率。

1. 樹立正確的防呆觀念

企業在防呆技術正式投入使用前，要對相關人員進行防呆培訓和教育，使其形成正確的防呆觀念，以便更好地落實防呆技術。正確的防呆觀念如下所示。

· 操作者的自檢和操作者之間的互檢是最原始但最有效的防呆技術之一。
· 實施防呆技術不需要企業投入大量的資源或資金。
· 任何生產過程都可以透過在預選設計時加入防呆技術而防止人為差錯。
· 透過持續過程改善和防呆技術，產品「零缺陷」是可以實現的。
· 要在所有可能產生問題的地方考慮使用防呆技術。

2. 正確地安裝防呆工具

在設備上安裝防呆工具時，防呆工具一定要適合原設備的各項功能，以免防呆工具在使用時造成作業上的障礙或者危險。

3. 正確地使用防呆工具

防呆技術能否發揮最大功效，使用階段不可忽視，尤其是操作者在使用防呆工具時，企業要對相關人員進行相關培訓，使之掌握防呆工具的操作方法，以免發生危險。

4. 正確地保養防呆工具

防呆工具要及時淘汰、換新和保養，因為防呆工具本身就是為了杜絕不良的發生，如果防呆工具都不健全，就無法發揮其本身的功效。

5. 以自動化控制異常

傳統生產線上一旦發生設備故障，往往因不能及時處理而影響產品品質。這裏所提及的「自動化」就是要將重點放在如何及時中斷生產線上。當生產發生異常時，生產線能夠自動停止運轉。要想實現這一目標，必須解決好以下一些問題。

⑴生產線上經常發生設備故障和異常停產。

⑵因為問題不能及時解決而導致產品品質缺乏保障。

⑶缺乏能夠自主解決生產問題的作業者。

⑷沒有一種發生異常就立即解決的工作體系。

⑸沒有形成作業偏離標準就停產的生產線體系。

⑹生產線停產時指示裝置卻沒有變化。

⑺作業轉換的時間太長。

如果不能很好地解決上述問題，那麼員工的工作品質就難以保證。異常停產通常會造成下次啟動生產時產品品質不穩定，這樣勢必出現一定數量的不合格品，最終影響企業利潤目標的實現。

還可以設計一種防錯系統，防止因作業人員注意力不集中而產生異常。防錯系統由檢出裝置、限制裝置、信號裝置組成。檢出裝置用來探測異常，限制裝置可以停止生產線運轉，信號裝置則用來提醒作業人員。一般來說，檢出裝置可分為以下三種類型。

⑴整體方式。這種方式主要是為了檢查某種特徵而使用，可以確保作業的各個部份自始至終順利完成。例如，為了保證作業者將一個盒內的零件全部取走，可以在盒子口設置電眼，直到取完零件，流水線才會繼續運轉。

⑵接觸方式。指產品和探測裝置接觸時顯示異常情況。在實際操作時可以靈活運用，例如在產品形狀的大小上規定特性。

⑶行動分段方式。為便於檢測出問題，作業者需要進行額外活動。例如為避免因零件種類過多而安裝錯誤，可以設置一個自動識別裝置，只需將組裝件置於識別裝置前，識別裝置便會顯示出所需零件，隨即準確安裝。

實施自動化的根本目的，並不僅僅是從字面上理解的自動，它宣導的是在機器設備出現問題時生產會自動停止運轉，而不需要設置專人看管，而且在出現問題後相關人員可以迅速到現場解決問題，從而保證作業行為的有序開展，保證作業品質和效率。

6 防呆技術的案例解析

工廠進行裝配時，要在電視機外殼的五處貼絕緣膠帶，但裝配人員時常會出現漏貼現象，相關人員決定在這個貼膠帶的環節上採用防呆技術，以防發生漏貼現象。

在電視機裝配過程中，經常出現電視機外殼絕緣帶漏貼現象。

1. 裝配錯誤的原因分析

在裝配過程中，絕緣膠帶粘貼在一根光滑的橡膠棒上(見圖 10-6-1)，裝配人員在裝配過程中完全是憑自己的注意力來防止漏貼的情況，但由於裝配強度較大，導致漏裝現象經常發生。

圖 10-6-1　採用防呆技術前的絕緣膠帶粘貼方式示意圖

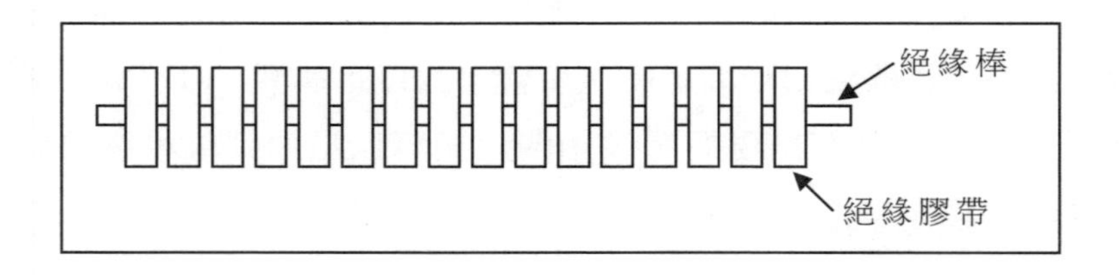

2. 設計防呆技術

針對裝配出現的問題，裝配管理人員透過改變膠帶在橡膠棒的粘貼方式，以避免裝配人員發生漏貼現象。裝配管理人員將絕緣膠帶按照每五條一組粘貼(見圖 10-6-2)，若絕緣膠帶沒有貼完，表示存在漏貼現象，需要重新檢查，以找到漏貼的地方進行補貼。

圖 10-6-2　採用防呆技術後的絕緣膠條粘貼方式示意圖

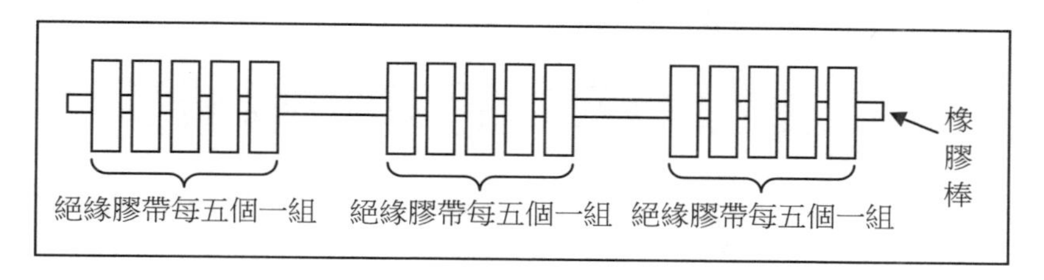

3.防呆技術標準化

該電視機廠針對裝配問題採用防呆技術之後，裝配人員裝配的電視機外殼絕緣膠帶漏貼率減至 0。為了鞏固此次防呆技術的成果，裝配管理人員將這一技術寫入裝配作業指導書，將其變為具有可操作性的指導文件，以免此類漏貼現象的發生。

心得欄 --

第十一章

豐田如何持續改善現場

1 提升績效要由改善做起

沒有問題發生，自然沒有改善的必要,而企業中所謂的「問題」是指那些使產銷下游階段的人員感到不便之處。也就是說，在企業活動中，製造問題的人自己通常不會感到存在問題；並且，人們更容易看到別人在製造問題，而不容易發現自己也在製造問題。所以，要切實發現並解決各種問題，就必須從管理改善工作開始。

1. 不隱匿問題

在日常管理活動中，一般人碰到問題時的直覺反應是想辦法將它隱匿起來，而不是正視它、設法解決它。道理很簡單，因為沒有人喜歡為自己增加工作量，更沒有人願意承擔過錯。其實，如果我們能從正面角度來看，解決問題也可以被視為難得的改善機會。

存在問題之處即存在改善的機會。日本實施 TQC(全面品質管理)制度的企業中流行著一句話:「問題就是可能的寶藏」。而我們要做的是，不隱藏問題，而是將問題變廢為寶。

2. 關注潛在問題

實施 TQC 的企業中有個習慣用語，叫做「潛在問題」。潛在問題是指那些目前尚不嚴重，但如果聽任其發展就會導致嚴重後果的問題。在工廠裏，管理人員通常不容易發掘出潛在問題，作業人員則比較容易發現。

如果作業人員能注意現場的潛在問題，他們也會注意現場的其他不正常狀況。曾有統計顯示，有一家日本工廠的作業人員，在一年中提出了上百種可能出現的不正常狀況，其中有些情況若稍不注意，極可能發展為嚴重問題。

所以，作業人員要積極發掘潛在問題，並且向管理人員提出報告;而管理人員需要認真處理。如果能在惡化之前意識到問題的存在，那麼我們就有充足的改善時間。

3. 著手精益化改善

發現潛在問題，這意味著管理層已經對問題給予了一定的重視，但這還遠遠不夠;只有徹底地解決問題，消除一切浪費，進而有效地實現精益化目標，才是真正意義上的「重視問題」。

這需要企業上下從管理思想和管理意識層面上就願意參與到管理改善活動之中，能夠共同正視問題，以積極的態度對各類問題加以匯總、分析、歸類後，確定解決問題的階段性計劃和具體方案，迅速執行，並長期致力於整體管理水準和運作水準的提高。

一些企業會透過建立諸如改善小組、品管圈等專門的管理企業來提高員工的精益化意識，鼓勵員工參與精益化改善活動，使作業人員能夠從中獲得成就感，從而激發大家徹底解決問題的熱情。

在企業文化認同、企業企業支援的前提下，管理者和員工可以更迅速地著手精益化改善，達到理想的效果。而在此過程中需要切記的是，改善工作的有效開展絕不可脫離問題的本質。

2 尋找問題的跟源

很多人在解決具體問題時，往往抱著「有火災，就先滅火」的心態，而無意於探尋問題根源，故而往往不會採取更有效的方法來加以根治或預防。從而導致需要重覆處理同類問題，企業自身生命力被慢慢耗損掉，直至陷入困境。

基於此，要想徹底消除問題，我們就必須回歸問題的本質。以產能不足為例，我們可以採用這樣的處理方法：在招聘作業人員時就注意擇優錄用。優秀的作業人員個人績效高，企業如果能夠最大限度地發揮這些作業人員的技能，整體產能自然也會相應地得到提高。

在某條汽車裝配線上，零件在成型機床上間歇性移動，導致層壓板上出現局部碎裂，這種現象的根源在於機器、物料、方法、操作員，還是自然力量？在這種情況下，問題發生的真實原因並不清晰。

嘗試各種措施之後，企業成立了問題解決小組，以便進行調查，排除各種潛在原因。結果證明，問題根源在於季節性濕度變化。後來，人們為基底材料建立一個濕度控制區，解決了這個問題。

需要注意的是，在發現、分析和處理問題時，必須判斷出真正的核心問題點。因為工作中的衝突通常來自流程設計的不合理或流程運作的不順暢，故而在尋找問題的發生根源時，需要經過以下步驟：界定、衡量與處理。

1. 界定問題點

在遇到問題時，首先要界定問題點的來源。例如，企業在事先約定的交貨期內不能發貨，無法完成對客戶的承諾。在這種情況下，首要任務就是確定那個環節出了問題。

在分析問題來源的過程中，可能涉及相當多的部門。此時，所有人都要明確：界定問題的目的絕不是推卸責任，尋找替罪羊，而是要徹底尋找問題產生的根源，為下一步更好地衡量、分析和解決問題打下基礎。

2. 衡量問題具體情況

界定問題點之後，還要根據調查數據衡量生產過程中每個部門對問題的處理情況。在安排生產日程時，更需要仔細審定是否存在標準的數據和工時，以及生產日程安排後的合格率如何。現場達成的合格率，與材料供給情況、設備運作故障等因素密切相關。只有透過數據衡量、統計和分析，才能發現問題的出現，是因設備故障、材料供給不足，還是其他原因。

3. 有針對性地處理問題

只有真正弄清了問題根源，我們才能更有針對性地解決問題。

例如，交貨期延遲可能是因為材料供應商本身的交貨期延遲，隨之造成了生產線上的延遲，最終導致無法履行對客戶的承諾。

回歸問題本質找出真正誘因，認真分析、解決，才能降低類似事件的發生頻率，或者在將來出現類似問題時能及時採取有力的控制措施。

表 11-2-1　A3 項目計劃表

<table>
<tr><td>項目計劃</td><td colspan="4"></td><td>開始時間</td><td></td></tr>
<tr><td>背景</td><td colspan="6">實施計劃</td></tr>
<tr><td rowspan="7">目標問題陳述</td><td></td><td>週</td><td></td><td></td><td></td><td></td></tr>
<tr><td>1</td><td></td><td></td><td></td><td></td><td></td></tr>
<tr><td>2</td><td></td><td></td><td></td><td></td><td></td></tr>
<tr><td>3</td><td></td><td></td><td></td><td></td><td></td></tr>
<tr><td>4</td><td></td><td></td><td></td><td></td><td></td></tr>
<tr><td>5</td><td></td><td></td><td></td><td></td><td></td></tr>
<tr><td colspan="6">到期日標識：
灰色代表最初設定的到期日，綠色代表任務完成，紅色代表任務超期。</td></tr>
<tr><td>目前狀態</td><td colspan="6">績效指標</td></tr>
<tr><td rowspan="2"></td><td></td><td colspan="2">衡量標準</td><td colspan="2">目前狀態</td><td>未來狀態</td></tr>
<tr><td>1</td><td colspan="2"></td><td colspan="2"></td><td></td></tr>
<tr><td>未來狀態</td><td>2</td><td colspan="2"></td><td colspan="2"></td><td></td></tr>
<tr><td rowspan="2"></td><td>3</td><td colspan="2"></td><td colspan="2"></td><td></td></tr>
<tr><td>4</td><td colspan="2"></td><td colspan="2"></td><td></td></tr>
</table>

3 改善動作經濟的重點原則

在工作的場合中，離不開人、工具設備、環境佈置等三個方面。動作經濟的四項基本原則在這幾個方面加以應用又可以整理成動作經濟的 16 原則。

⑴雙手併用的原則。能熟練應用雙手同時進行作業，對提高作業速度大有裨益。單手動作不但是一種浪費，同時也會造成一隻手負擔過重，動作不平衡。從動作經濟的原則出發，雙手除休息外不能閑著。另外，雙手的動作最好同時開始，同時結束，這樣會更加協調。

在電子工廠裏，插件是一個常見動作，如果能兩手同時進行，效率比單手插件可以提高 60%。

⑵對稱反向的原則。從身體動作的容易度而言，同一動作的軌跡週期性反覆是最自然的，雙手或雙臂運動的動作如能保持反向對稱，雙手的運動就會取得平衡，動作也會變得更有節奏。

如果不對稱地擺放材料和工具，就容易破壞身體的平衡，導致容易疲勞。

⑶排除合併的原則。不必要的動作會浪費操作時間，使動作效率下降，應加以排除。而即使必要的動作，透過改變動作的順序、重整操作環境等也可減少。

很多工廠在兩個工程之間交接時要對產品進行計數，如果一個個地進行計數花費很多時間而且準確性不高。如果能每完成一個產品就將它放入一個數量一定的容器中，則數量一目了然，交接也簡單準確。

⑷降低動作等級的原則。人身體的動作可按其難易度劃分等級，具體如表 11-3-1 所示。

表 11-3-1　人體動作難易等級

等級	動作
1	以手指為中心的動作
2	以手腕為中心的動作
3	以肘部為中心的動作
4	以肩部為中心的動作
5	以腰部為中心的動作
6	走動

動作等級越低，動作越簡單易行。反之，動作等級越高，耗費的能量越大，時間越多，人也越容易感到疲勞。

事實上，許多家庭用品的設計都體現了降低動作等級的原則。以電燈開關為例，使用接觸式開關就比使用閘刀式開關動作等級低。而各種家用電器遙控器的使用，也都使動作等級大大降低。

⑸減少動作限制的原則。在工作現場應儘量創造條件使作業者的動作沒有限制，這樣在作業時，才會處於較為放鬆的狀態。

當工作台上擺放零件的容器容易傾倒，作業者在取零件時動作的輕重必須特別注意，則取零件的動作效率必大受影響。此時，可改變容器重心、支撐面、擺放位置等進行改善。

⑹避免動作突變的原則。動作的過程中，如果有突然改變方向或急劇停止必然使動作節奏發生停頓，動作效率隨之降低。因此，安排動作時應使動作路線儘量保持為直線或圓滑曲線。

⑺保持輕鬆節奏的原則。音樂必須有節奏才能使人身心愉悅，如果節奏跳躍非常厲害，紊亂而無規則的話就會使聽者覺得刺耳。同樣，動作也必須保持輕鬆的節奏，讓作業者在不太需要判斷的環境下進行作業。動輒必須停下來進行判斷的作業，實際上更容易令人疲乏。順著動作的次序，把材料和工具擺放在合適的位置，是保持動作節奏的關鍵。

⑻利用慣性的原則。動作經濟原則追求的就是以最少的動作投入，獲取最大的動作效果，如果能利用慣性、重力、彈力等進行動作，自然會減少動作投入，提高動作效率了。

要把二樓倉庫內的成品搬運裝車，如果從樓梯使用人工搬運，則費時費力而且效率低下。如果使用電梯搬運，則可能路線迂廻，而且投入較大。若能設計一搬運滑道，利用重力使成品從二樓直接滑到車上，另一個人在車上進行整理，效率必可大為提高。

⑼手腳併用的原則。腳的特點是力量大，手的特點是靈巧。在作業中如果能夠結合使用，一些較為簡單或者費力的動作可以交給腳來完成，對提高作業效率也大有裨益。

縫紉機就是手腳併用的一個典型的例子，倘若把縫紉機中由腳完成的動作設計由手完成的話，其彆扭程度可想而知。

⑽利用工具的原則。工具可以幫助作業者完成人手無法完成的動作，或者使動作難度大為下降。因此，從經濟的角度考慮，當然要在作業中儘量考慮工具的使用。

工具在各個工廠的使用極為普遍，手推車可以使搬運的工作輕鬆省力，傳送帶使流水作業免除搬運傳遞，電動螺釘旋具代替手工擰緊螺釘，利用塞規進行厚度測量等。不過，除了普通工具的使用之外，如何針對特定的場合設計出特定的工具，或者巧妙地移用其他工具，卻是各個工廠應具體研究的課題。

⑾工具萬能化的原則。工具的作用雖然巨大，但是如果工具的功能過於單一，進行複雜作業時就需要用到很多工具，不免增加尋找、取放工具的動作。因此，組合經常使用的工具，使工具萬能化也就成為必要了。

萬用錶把電流錶、電壓錶、歐姆錶組合在一起，給電子技師帶來極大的方便；多色圓珠筆讓使用者不用臨時去尋找某一種顏色的筆；萬用螺釘旋具讓一把螺釘旋具在手即可應付多種規格的螺釘；剪刀上可以組合開罐頭、開瓶、刮皮等多種功能。

⑿易於操縱的原則。工具最終要依賴人才能發揮作用，在設計上應注意工具與人結合的方便程度，工具的把手或操縱部位應做成易於把握或控制的形狀。

螺釘旋具手柄太細就不好把握，而且使用時轉矩不夠；電烙鐵的手柄不會使用金屬材料；茶杯有把手就易於端取；開關最好採用按鈕式或接觸式開關。

⒀適當位置的原則。工作所需的材料、工具、設備等應根據使用的頻度、加工的次序，合理進行定位，儘量放在伸手可及的地方。

⒁安全可靠的原則。作業者的心理安定程度對作業效率也會有直接影響，如果作業者在作業過程中總擔心會受到傷害，心理的疲憊會導致生理的疲憊的提前。因此，應確保作業現場的設施、材料、

佈置、作業方法不會存在安全隱患。例如，絕不可為節省成本把建築工地的防護網去除；吊扇不可有搖搖欲墜的現象。

⒂照明通風的原則。作業場所的燈光應保持適當的亮度和光照角度，這樣，作業者的眼睛不容易感到疲倦，作業的準確度也能有所保證。此外，良好的通風、適當的溫濕度也是環境佈置上應重點考慮的方面。

⒃高度適當的原則。作業場所的工作台面、桌椅的高度應該處於適當的高度，讓作業者處於舒適安穩的狀態下進行作業。

工作台面的高度還會因操作的內容不同而有所差異。例如使用打字機的工作台面高度大約以 60 釐米為宜；而進行組裝時工作台面高度大約以 85 釐米較為適當。此外，椅子的高度應與工作台面的高度相稱，而且椅子最好有靠背，必要的時候還應配備腳踏板使作業環境盡可能舒適。

心得欄 ------------------------------

動作經濟原則的改善步驟

1. 收集問題點

重新審視自己所負責的操作範圍，把存在的各種問題點收集起來。與操作人員就各個可能出現問題的方向進行探討，將確認的問題進行量化，瞭解問題的嚴重程度。

2. 用動作經濟原則檢查存在問題的操作

在明確了問題點之後，用動作經濟原則與該作業進行比較，找出不符合原則的動作。

以四項基本原則進行比較以減少動作數量、使動作保持平衡、縮短動作距離、使動作保持輕鬆自然的節奏。

用動作經濟重點原則從動作方法、工具使用、場所佈置等幾個方面分別進行檢查。

將檢查的結果和發現的改善方向記錄下來。

3. 進行分析

找出不符合動作經濟原則的原因，並整理成特性要因圖。

重點調查問題：動作方法、工具使用、場所佈置。

4. 尋求改善方案

用 5W1H 的方法研究目前的動作，使用改善檢查表逐條進行檢查，找到改善的方法。動作經濟改善檢查表如下列：

1. 減少動作數量

因素	原則	內容	注意點
動作方法	(1) 去掉不必要的動作	· 能否去掉尋找、挑選動作 · 能否不考慮、不判斷、不注意 · 能否不用重新拿取 · 能否不用倒換雙手	在檢查欄中畫○回答 對回答不能的，研究具體的改善方案
	(2) 減少眼睛的動作	· 能否用耳朵（聲音）確認 · 能否用指示燈 · 能否將物品擺放在視野內 · 能否用色別、標記表示 · 能否更接近操作對象 · 能否利用鏡子 · 能否利用透明容器或器具	備考
	(3) 組合兩個以上的動作	· 能否一次搬運數個物品 · 能否一次加工數個元件 · 能否邊傳送邊加工 · 能否邊傳送邊檢驗	
動作場所	(1) 將材料或工裝夾具放在操作人員前方的一定位置	· 能否用標記指定材料或工裝夾具的放置地點 · 能否在佈局圖上指定材料或工裝夾具的放置地點 · 能否將材料容器固定在前面 · 能否將工具懸掛在前面	
	(2) 按操作順序擺放材料或工具	· 能否按操作順序擺放材料、工具 · 能否按操作順序重疊材料	

續表

因素	原則	內容	注意點
動作場所	⑶將材料或工具放在易使用的狀態	· 能否按順手方向擺放材料、工具 · 能否用槽或框整理材料 · 能否按易握方向擺放工具的手握部份 · 能否擺放在易取的高度 · 能否利用工具支撐架	
工裝夾具或機械	⑴利用易取材料或元件的容器或器具	· 能否擴大容器口 · 能否將容器底部改為圓形 · 能否將容器底部改淺 · 能否利用料斗 · 能否在容器底部加個斜板，使材料靠近手前 · 能否將小物品放在膠皮或墊子上 · 能否將扁平元件放在波形板上 · 若發生元件纏繞在一起的現象，能否擴大並淺化容器	在檢查欄中畫○回答 對回答不能的，研究具體的改善方案
	⑵將兩個以上的工具合二為一	· 能否組合經常使用的工具(開瓶器和螺釘旋具) · 能否將一個操作中所需的工具組合在一起(鉛筆和橡皮、錘子和拔釘) · 能否組合約形工具(紅藍鉛筆)	備考

2. 同時進行動作

因素	原則	內容	注意點
工裝夾具或機械	⑴ 將兩個以上的工具合二為一	· 能否組合不同尺寸的工具或定規(扳手、孔規) · 能否使尺寸不一的工具為可調式(活動扳手)	在檢查欄中畫○回答 對回答不能的，研究具體的改善方案
	⑵ 使用安裝簡便的夾具	· 能否減少安裝點 · 能否使用蝶形螺栓	
	⑶ 用一個動作完成機械操作	· 能否將控制杆或把手操作改為按鈕開關 · 能否將旋轉式開關改為按鈕式開關	
動作方法	⑴ 雙手同時開始動作並同時結束	· 能否不用單手手持、空手 · 能否改善掉除從疲勞中恢復以外的雙手空手 · 能否不發生一手工作時他手必須空手的現象 · 能否雙手同時拿取材料 · 能否雙手同時加工兩個產品 · 能否雙手時放置產品	備考
	⑵ 雙手同時向相反、相對方向動作	· 能否左右對稱地擺放材料或工裝夾具 · 能否使雙手向同一方向動作	

續表

<table>
<tr><td>操作場所</td><td>調整佈局使雙手能同時動作</td><td>· 能否在左右擺放材料或夾具
· 能否使雙手左右動作的位置接近
· 能否配置兩個工裝夾具</td><td rowspan="3">在檢查欄中畫○回答
對回答不能的，研究具體的改善方案</td></tr>
<tr><td rowspan="2">工裝夾具或機械</td><td>(1) 對需長時間持有的物品使用支撐架</td><td>· 能否用老虎鉗夾緊物品
· 能否用空氣吸引力吸住物品
· 能否用彈力、摩擦力(橡膠、彈簧、海綿)存放物品
· 能否將物品插入槽、孔中</td></tr>
<tr><td>(2) 雙手同時開始動作並同時結束</td><td>· 能否使用機械式(鋼絲、連接棒)腳踏結構
· 能否用電式(電開關)腳踏結構
· 能否使用物理式(水壓、油壓、空壓)腳踏結構</td></tr>
</table>

3. 縮短動作距離

<table>
<tr><th>因素</th><th>原則</th><th>內容</th><th>注意點</th></tr>
<tr><td rowspan="2">動作方法</td><td>(1) 以最適宜的身體部位進行動作</td><td>· 能否完成身體或肩的動作
· 能否用指頭或手指動作</td><td rowspan="3">在檢查欄中畫○回答
對回答不能的，研究具體的改善方案</td></tr>
<tr><td>(2) 以最短距離進行動作</td><td>· 能否排除動作途中的障礙物
· 能否在正常操作範圍內操作</td></tr>
<tr><td>操作場所</td><td>以操作不受妨礙為前提縮小操作空間</td><td>· 能否將材料或工裝夾具放在操作人員的前面
· 能否圓弧形擺放物品
· 能否將工具懸掛在操作人員的前面
· 能否在傳送帶上設置橋形操作台
· 能否在正常操作範圍內放置材料或工裝夾具</td></tr>
<tr><td>工裝夾具或機械</td><td>利用重力或機械力取料送料</td><td>· 能否利用滑道
· 能否利用料斗
· 能否利用傳送帶
· 能否利用傾斜台和擋板
· 能否利用滾輪傳送帶
· 能否用小傳送帶製作輔助線體</td><td>備考

</td></tr>
</table>

4.輕鬆地動作

因素	原則	內容	注意點
工裝夾具或機械	用身體最合適的部位操作機械	· 能否使操作位置接近操作人員 · 能否使操作位置在操作者前面 · 能否排除操作位置前的障礙 · 能否使操作點集中在一處 · 能否使兩個操作點接近 · 能否用手指操作 · 能否使操作位置和確認位置(表示、加工位置)接近	在檢查欄中畫○回答 對回答不能的，研究具體的改善方案
動作方法	⑴努力使動作不受限制	· 能否不用注意力而無意識地動作 · 能否使動作有節奏 · 能否用磁鐵吸住物品 · 能否排除妨礙動作的物品	備考
	⑵利用重力或其他力量進行行動	· 能否利用重力(下落、傾斜、滑道、漏斗、點滴) · 能否利用壓力(空壓、水壓、油壓) · 能否利用磁力(磁鐵、電磁) · 能否利用彈力(彈簧、橡膠) · 能否利用摩擦力(橡膠) · 能否利用離心力(旋轉) · 能否利用真空(吸引、吸盤) · 能否利用浮力(浮起) · 能否利用大氣力(虹吸) · 能否利用表面張力(毛細管現象) · 能否利用電力 · 能否利用杠杆、凸輪	

續表

因素	原則	內容	注意點
動作方法	⑶利用慣性或反彈力進行動作	· 能否利用反彈力(錘子) · 能否利用飛輪(擺輪) · 能否使之更潤滑(油、石蠟、軸承) · 能否使需要慣性的工具擁有一定的重量	
	⑷使動作方向及其變換順暢	· 能否將直線動作改為順暢的曲線運動 · 能否去掉曲折的動作	
操作場所	使操作高度為最合適的高度	· 能否將兩肘放在操作台上 · 能否去掉上下移動 · 能否使眼睛與操作位置在明視距離(25～30釐米)內 · 能否使材料產品放置台與操作台為同一高度 · 能否不將材料直接放在地上 · 能否使操作椅的高度可以調節	在檢查欄中畫○回答對回答不能的，研究具體的改善方案

續表

因素	原則	內容	注意點
			備考
工裝夾具或機械	(1)為限制一定的運動路線而使用夾具或導向	・能否利用導向定位 ・能否使用鎖擋以阻止材料工具的滑動 ・能否在鑲嵌部加楔成圓角	
	使手握部份形狀易握	・能否用手掌均衡地握住 ・能否使之與手的接觸面積最大 ・能否使之為易握的形狀 ・能否使之凹凸不平或刻槽或條紋以防手滑	
	(3)在一目了然的位置安裝夾具	・能否不轉動身體也能看見操作位置 ・能否排除眼睛與操作位置的障礙 ・能否利用鏡子 ・能否利用放大鏡 ・能否利用透明容器或器具 ・能否使光線最合適	
	(4)使機械的移動方向與操作方向一致	・能否使機械的移動方向與控制杆的移動方向一致 ・能否使計量器指針的方向與旋鈕的旋轉方向一致	
	(5)使工具輕便易使	・能否改變工具的形狀使之變輕 ・能否改變工具的材料使之變輕 ・能否透過懸掛工具而使之易使	

5 公司全員的持續改善

無論是追溯問題根源，還是提高回應速度，抑或是加強提案管理，這些還只是推行精益化的方法或策略。實施精益化還需堅持一個原則，那就是：全員參與，持續改善。因為浪費現象普遍存在於生產的各個環節，要想消除浪費現象，並非短期內即可達成，而抱有長期持續推行的心理準備；並且，僅僅依靠一個人或一個部門也難以做到，必須借助全體員工的力量來推動改善活動。

1. 從小改善做起

要想使整個生產系統取得良好的改善效果，首先要從小改善開始積累經驗，並養成良好的改善習慣，逐步達到改善目標。而且無論是高層管理人員還是基層員工，都要去發現身邊存在的浪費現象。相對於大改革而言，從小改善做起更容易上手且易見成效，而這又會使大家發現問題的積極性有所提高，並願意參與日後的持續改善。

在實際操作中，可以首先推行實施難度較小、普及面廣的活動，例如 7S 活動。7S 各項活動容易執行，而且改善效果明顯，如果成功推行，那麼大家的改善熱情也會大大提高。隨後可以繼續發現問題，運用「5W1H」提問技術和 ECRS 原則等進行更深層次的改善。

簡而言之，要恰當地選擇改善的突破口，即選擇容易上手的點進行改善，然後再深入推進。如果開始就選擇難度較大的主題去改善，一旦執行效果不佳，很容易使參與者的信心和積極性受到打擊，對精益化改善結果感到失望。

企業產品中存在的大部份問題是由客戶回饋而來，解決這些問題以滿足客戶非常重要。而這往往涉及多個部門，單靠一個部門難以解決。此時，跨部門的功能性解決辦法就顯得十分必要。比較有效的改善方法就是建立成立 8D 團隊，具體工作步驟如下：

⑴建立工作小組，企業多部門人員來協調品質問題。

⑵從客戶角度分析問題，不僅可以使工作具備方向性和目的性，而且可以培養客戶對產品的信任感。

⑶如果無法得知解決問題的時間，而不採取措施又可能生產出更多不良產品，就有必要採取「臨時處理」的方式。

⑷從多方面去瞭解問題的發生原因，以促進問題的徹底解決。

⑸確認問題發生原因後，要針對問題提出改善方案和處理辦法，要改善問題的發生點，杜絕問題再次發生。

⑹及時核實效果，確認改善的有效性。

⑺將改善後的工作標準化和制度化，以防止問題的再次發生。

⑻產品品質改善後，小組成員應獲得適度嘉獎，以保持其工作積極性。

2. 改善要落到實處

「全員持續改善」絕非一句空話，必須將改善落實到實際操作中去：發現問題後，要立刻加以記錄，然後選擇最合適的時機實施改善方案。實踐是檢驗真理的唯一標準。只有將改善落實到實際工作中去，才能透過改善前後情況對比，發現其價值所在。

作為一線員工，最普遍的改善是在工作方法上的改進。如果能夠有效落實先進、有效的工作方法，會大大減輕疲勞感，提升工作效率。

大野耐一曾講述案例：工作在生產現場的員工們常常將很多零件放在一處來共同處理，而最有效的改善方法就是「一個一個操作」。如果員工能夠接受這個改善方法，將這種改善落實下去，就會看到這個方法幫他減輕了工作量，他的工作效率也因這個工作方法的改進而大大提高。當他認識到改善帶來的價值後，一定會樂於參與接下來的持續改善活動。

3.改善是一項長期工程

當改善取得一定成效後，有人可能會產生這樣的想法：「改善後的效果確實比原來的效果好得多，這應該已經是最好的方法了吧。」這樣的誤解最終會成為持續改善的障礙。因為，即使這個方法目前算是最好的方法，但並不代表它一直都是最好的方法。隨著市場需求等因素的變化，整個生產系統必定會出現不適合新環境的因素。因此，要時刻懷有改善的意識，而不要試圖尋找任何停止改善的藉口。

無論是站在企業壯大的角度，還是立足於每位成員自身的發展，精益化精神都始終是不可或缺的。

6 豐田集團的改善活動

豐田生產方式著重於提高生產效率、降低成本，但其現場的改善活動卻是在尊重人性的原則下進行的。其改善活動如圖 11-6-1 所示。因為有了這種制度，生產力的提高與人性的尊嚴才得以並行不悖。

圖 11-6-1　豐田現場改善活動的架構

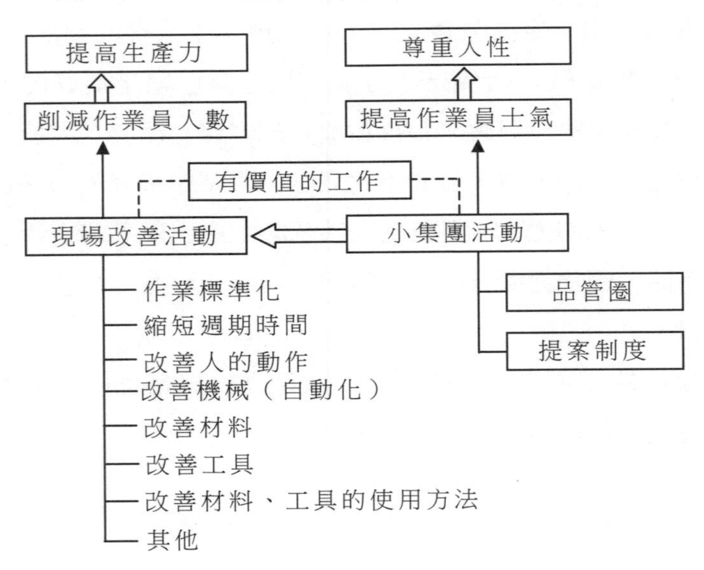

在改善現場作業時，如果是以上級人員命令下級人員的方式來進行，則作業員必定士氣低落而影響生產效率。所以豐田引進小集

團活動，借著品管圈及提案制度，讓員工自動自發地去改善現場作業。

例如，在現場作業改善以前，作業員為了取得裝配用的零件，必須走五步，但現在將零件擺在作業員身旁，就可以省去走五步的時間，而提高了工作效率。

又如，為了改善大型設備的換裝工程，豐田編組了換裝班。結果過去需要三小時才可換裝完成一台八百噸的油壓機，而現在僅需三分鐘就可完成。這是如何做到的呢？

1. 利用色別

換裝時所用的工具、塑膠管、及螺絲釘等都加以色別。這樣不僅不會犯錯，而且動作快速。

另外，螺絲釘雖有大小分別，但將頭部改為同尺寸、同形狀時，就可省掉換工具的時間。

2. 預熱

使用壓力鑄造機時，可利用附屬該機的保溫爐排熱而予以預熱，以縮短時間和節省能源。

3. 使用台車

2.5 公噸左右的機型出入，不再使用起重機或堆高機，而改用以手推拉的台車。

4. 統一油壓機的高度

雖然油壓機的型式非常多，但統一高度後，就不用再做打壓的調整。

第十二章

豐田的人才養成機制

1 豐田的總培訓師制度

豐田為員工培訓專門設立了「總培訓師」制度，規定：總培訓師負責對擔任培訓工作的員工進行培訓。每家工廠中可能只有一位或兩位總培訓師，總培訓師必須承擔起培訓人員的培訓課程。而每一位培訓人員返回工作崗位後，由其他技巧嫻熟的培訓人員和團隊管理者作進一步指導跟蹤。

當然，豐田也並非一開始就擁有了如此雄厚的人才培訓能力，它跟其他企業一樣，在不斷的學習和積累過程中不斷強化人才培訓技巧。另外，原版 TWI 培訓方法更傾向於照本宣科，而豐田則在實際操作過程中進行了局部修改。豐田通常會維持核心方法，視情況對某些培訓內容加以調整。例如，在工作現場中，培訓人員會以實際工作為例進行示範操作。

可以說，TWI 非常符合豐田公司管理者的思維。雖然 TWI 是為了應對特殊需求而推出的人才養成方案，但是它的實際應用範圍遠不局限於此。管理者們在向豐田學習的過程中，可以以借鑑其方法與思維，使之成為本企業人才養成活動的起始點。

很多管理者認為員工培訓是一種成本浪費，這種現象的直接表現就是，一些企業對新聘用的員工不加培訓便直接將其安排在工作崗位上，他們的理念是：讓員工邊工作邊學習，這樣學到的技能將更加扎實，而且員工從進入企業之時起便已開始創造成果，而不是憑空浪費運營成本。

用於員工培訓的成本將使整個生產體系的總成本顯著降低，這種效果遠遠優於讓員工在執行工作的同時，以沒有規劃的方式自學技能。因為，如果員工未能經過充分的培訓，那麼企業將來可能不得不付出更多的成本，面臨更大的損失。

可以透過明晰的圖表看到「先培訓再上崗」與「上崗後邊工作邊自學」的差別，如圖 12-1-1 所示。

圖 12-1-1　假設進度曲線

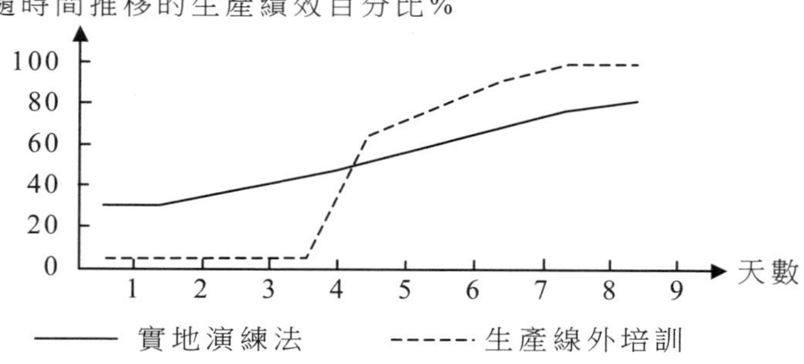

圖中顯示的是讓員工「在工作崗位上實地演練」的假設進度曲線，以及讓員工「先在生產線外學習基本技能、再走上工作崗位」的進度曲線。

從圖中可以看出在初期學習階段，「先在生產線外學習基本技能的員工」確實沒有任何產出可言，但是當他們學會相關工作技能後，便會快速、充分地發揮其生產力。而那些一開始未經培訓、上崗後邊工作邊學習的員工，雖然初期產生了一些貢獻，但是卻需要經過相當長的一段的時間才能充分發揮其能力。同時，由於他們不熟悉基本技能，永遠無法達到應有的水準。除了在生產效率方面可能存在一定損失，實地演練法也在一定程度上加大了出現品質問題與工傷的風險係數。

不可否認的是，學習進度曲線也存在一些例外情況。例如，一些學員能夠在工作中快速學習，而在生產線外的培訓中，卻要花費比別人更長的時間。對此類學員要予以區別對待。但無論怎樣，可以看出：企業在早期所付出的努力無疑將獲得更大的長期回報。

當然，員工培訓在成本支出方面可謂「立竿見影」，而在收效上有時卻並不很明顯。這種外在表像使個別企業管理者直接削減了員工培訓成本的支出。誠然，員工培訓需要向承擔培訓工作的機構或部門集中支付一筆費用，但是培訓本身對受訓員工的影響是長期的。員工們在培訓中學習到的一些新的管理方式、思維方式、工作技術，在工作中自覺地運用，為企業創造可觀的效益。

2 需要什麼樣的工廠技能培訓

成功的員工技能培訓，必須選擇適宜的員工技能培訓內容，並確定這種培訓的必要性。

一家規模上千人的企業，發展前景甚佳。為了擴大生產規模，滿足日益擴大的市場需求，該企業決定再開設一家分公司，預計招聘 80 名員工來支撐起新公司的正常運作。但是，由於週期較為緊張，採用外部招聘的方式難以滿足新公司的人員需求。於是，管理者從本企業內部選出一批人員進行培訓。經過 2 個月的培訓，培訓人員均達到培訓要求，開始陸續被派往分公司。但是，一個意想不到的事情卻發生了。原來，參加培訓的 80 人中，竟有近一半的員工不願意去分公司，原因也很多。經過調查發現，有的員工是因為不想調換工作環境，有的員工則由於家庭原因，還有的員工對自己參加培訓學到的技能和將來從事的工作都不感興趣等。

可以說，這家企業從開始企業培訓之時起就註定這次培訓要失敗，因為管理者沒有做好員工需求調查，沒有將員工需求與企業需求相結合。這次員工技能培訓的目標僅僅是滿足企業培訓需求，而沒有考慮如何滿足員工需求。如果管理者能夠改變一種方式，事先將分公司的一些職位要求以及薪酬待遇等加以公佈，要求員工自願報名，並由員工自願選擇培訓內容，那麼這個問題也便迎刃而解了。

一次非常成功的員工培訓需要參訓員工、主管和企業等相關人員都具有較高的參與度，參與度越高，則培訓效果越好。而要想提高其參與度，那麼前提條件就是滿足雙方需求。

如果培訓內容可以滿足員工和企業雙方需求，無論在培訓過程中還是培訓結束後，員工會積極地去學習各項技能，主動地將理論與實際相結合，企業才能完成員工培訓的初始目標。

但是，在員工培訓內容的選擇上，切忌照搬照抄。一些企業看到其他企業進行員工培訓取得了不錯的效果，便照搬進行同樣的培訓。然而，由於其對培訓活動缺少調查與分析，脫離工作實際，盲目跟風，導致員工可能出現重覆學習或被動學習的情況，既浪費了員工時間，又耗費了企業資源。

因此，在開展培訓前，管理者不妨問問自己：你的企業真正需要員工具有什麼樣的技能？同時，也問問員工：結合個人發展方向，你需要擁有什麼樣的技能？然後再確定員工培訓的具體內容，這樣的培訓才能做到有的放矢，最終達成預期效果。

心得欄 ------------------------------

3 豐田要培養出的多能工

除了差異化培訓和非常規人才培訓外，多能工培訓也是實現精益化人才培養的一個重要方法。員工多能化是實現少人化的先決條件。通常情況下，企業會透過合併工序、員工協助等方式來實現少人化管理。雖然這些精心設計的作業台、設備佈局對於技術的實施非常有利，但是僅僅依靠這些方法是很難實現少人化的。

除此之外，管理者還必須考慮人的因素。從作業員的角度來看，少人化要求作業人員既能夠靈活應對產量變化，又能靈活應對作業內容的變化。如果落實到具體工作上，就是使作業人員成為能夠操作很多工序的多能工。多能工交叉培訓戰略應運而生。那麼，培養多能工的價值何在呢？

1. 提高員工個人技能

製造類企業中的主力軍是年輕人，除了獲得合理的薪酬外，員工們還希望自己掌握更多的技術，提高個人的能力。

有一位服裝廠的女工即將離開工廠時，向主管提出了這樣一個要求，想看看自己服裝廠製作的衣服到底什麼樣。原來這位女工雖然在工廠工作了兩年多，但是每天的工作就是為裁片而做準備工作——鋪布料，從來沒看到過一件成品服裝。

這個故事可能聽起來有些誇張，但是在很多大型生產企業中卻普遍存在。試想，讓一個人總在同一道工序做同樣的事，雖然其業務可能極為嫻熟，但是員工必然會感到工作枯燥，不利於員工的全方位發展。

2. 留住流失員工的技能

很多企業都在頭疼員工流失的問題，認為員工一培養完就離職了，因此，培養員工實在不划算。所以管理者大多希望可以直接招聘具有一定工作經驗的熟練員工。而對於交叉培訓多能工，也抱有不同看法。有人認為這種戰略可以提高企業員工素質，也有人認為員工離職後，企業白白耗費了培訓成本。

但是，具有精益化思想的企業則抱有截然不同的觀點，他們認為恰恰是為了解決員工流失的問題，才應該積極開展交叉培訓。因為在推行多能化培訓過程中，總結老員工的技能和經驗，透過標準操作加以固定，這樣，即使老員工離開企業，企業自身的技術力量也不會隨之變弱。交叉培訓多能工，實際上是留住員工技能的一種方法。

3. 多能工實現少人化

在傳統的大規模批量生產模式中，員工似乎只是大型機器上被固定的螺絲釘，只需熟練掌握流水線上的一兩種勞動技能即可。但企業實施精益化生產，某些工序經過整改後，多能工便可以操作原來 2～5 個崗位的工作，因此適應性非常強。同時，企業還可以根據客戶的需求和市場的變化，來調整生產佈局，變更生產線和增減生產人員，企業生產的靈活性和客戶回應速度大大提高，在競爭中佔據更有利的地位。

從 IE(工業工程學)的角度看，取消傳送帶，合併工序，改成單元生產，大大增加了在標準作業時間內增值活動的比例。從員工的角度看，員工掌握了更多的勞動技能，其能力和價值在提高，經濟收入也有所增加，員工更願意接受這種結果。而從企業的角度看，生產速度能夠更適應客戶需求變化，成品庫存大大降低，員工數量減少而且穩定。

其實，培養多能工的目的不是要辭退員工，而是透過製造技術合併精簡，培訓員工提高工作的價值含量，達到生產少人化的目的。作為企業管理者，要營造出培養多能工的良好氣氛，為員工安排適當的培訓和指導，並合理安排員工擔任的工作任務。在目前勞動力緊缺而成本壓力較大的情況下，培養更多的多能工，正是企業實施精益化管理的一劑良方。

一家企業要改進了其流水線，該產品共有 7 道工序，原來是使用傳送帶的 11 人流水線作業，現在改成 3 人作業的單元生產。整改後 3 個工位，每個工位的多能工負責 2～3 道工序，取消了傳送帶作業，改為單件流生產，完成一件即向下傳遞一件。原來採用兩班作業的方式，每班 11 人，共計 22 人，更改後仍為兩班，但每班 3 人，共計 6 人。除此之外，還培養了另外 3 名多能工，可以臨時增開 1 條生產線，以滿足緊急訂單的需求。為了提高多能工的積極性和穩定性，如果達到生產目標和品質要求，企業還為每名多能工增加一定的崗位補貼。

需要注意的是，開展多能工交叉培訓也存在一定的風險。在培訓過程中，要規避一些不利因素，對存在的問題進行有效的控制，盡可能地發揮有利的一面。

創立於 1955 年，目前每年營業額超過兩千億日圓，位居日本卡車運輸業第二位的「佐川急便」就採用了多能工制度。一般說來，卡車司機是送貨及收貨的「單能工」，但是佐川的卡車司機，卻同時擔任招攬業務、收取運費，以及把貨物送到集散站後，核對數量是否正確，再把貨物卸在自動分類機的輸送帶上等工作。這就是一人兼做數職的「多能工」制度。

豐田把所需不同種類的機器適當地加以佈置，再由一個作業員來負責操作二台、甚至多台機器。

換言之，豐田把每名作業員都訓練成為一個「多能工」，不但要擔負自己的工作，也要擔負原來是別人的工作。借著這種方法，不但流程得以順暢，作業員人數也得以削減。

結果，雖然支付給每名司機的月薪，超過五十萬日圓，是同業間的最高額，但其人事費用在營業成本中，所佔比例只不過是三成左右。這個數字與一般卡車運輸業的人事費用，平均四、五成相比，反而少了很多。佐川是以高薪來引發個人的幹勁。因為高昂的士氣，可以提升服務的水準，也使員工願意承受長時間的勞動，於是，實行「多能工」就易如反掌了。

但是豐田的多能工背景卻有所不同。佐川是用高薪來提高員工的士氣，以確保所需的勞力，但是卻未考慮長期僱用的問題。豐田的公司政策就不同了，它是以員工長期的生活保障為基礎，以求取長期性的幹勁。

這可能是服務業與生產業對於多能工制度，其基本精神有所不同的緣故。

但無論如何，提高員工的工作意願是很重要的事，唯有做到這一點，多能工的制度才能實現。

U 字型佈置：

圖 12-3-1　「自動化」與等候時間的取消

從前的作業型態

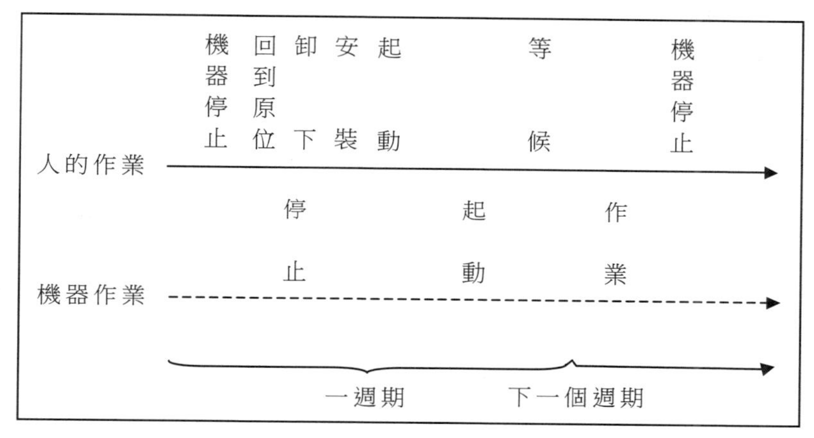

自動化以後的作業型態

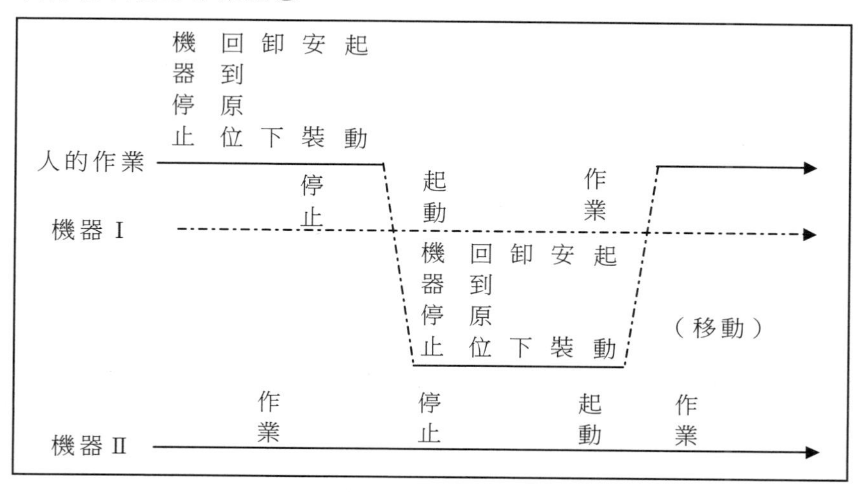

多能工化的想法，源自於「豐田自動織布機」。這機器是豐田佐吉發明的，其特色在於只要有一條線斷了，或是用光了，機器就會自動停止，而在此之前的機器，都不會因為斷了線，或沒線而停止作業，於是就會織出許多跳線的布。豐田佐吉的發明改良了這個缺點，所以才取名為「豐田自動織布機」。

自從機械改成自動化以後，作業員在等候時間中就變得無所事事。如果利用這段等候時間來操作另一台或多台機器，那麼生產效率就能提高兩倍、甚至數倍了。如圖 12-3-1 所示，作業員從機器 D，迅速地移動到機器 II，以便能擔當更多的機器操作，這就是「U字型佈置」。

按照每個月需求量的變動，將各生產線的作業員人數做彈性調整，這是最合理的方法。如果需求量減少 20%，開工率減為 80%，則作業員就應該削減為四人。倘若開工率變成 20%，則只需一名作業員就可以了。

心得欄 ------------------------------------

4 豐田的人才培育

在豐田企業，曾有一位生產作業員向管理者表示：希望自己成為一名技術行業人員。團隊管理者認為，無論是從短期還是長期來看，這對員工自身和企業都是有益的。因此，管理者安排這名員工參與團隊的持續改善工作，透過協助設立團隊建設的各種項目，這名員工得到鍛鍊同時也發揮出相應的才華。

隨著豐田汽車逐步取得成功，TWI(Training Within Industry for Supervisor，督導人員訓練)人才培養方案開始受到很多企業的熱捧。TWI 培訓方案的「原產地」，並非誕生於日本本土，而是從美國而來。從美國的最初嘗試到日本的演進，TWI 人才培養方案被人們稱為「一項誕生於特殊背景下的壯舉」。

傳統的 TWI 方案包含了四大部份，即工作指導、工作方法、工作關係和方案培訓。企業先利用這些方案培養出內部培訓人員和督導人員，再由他們去培訓其他員工。如果每位合格的培訓師都能培訓出數位督導人員或培訓人員，每位督導人員或培訓人員又培訓出更多助手，那麼 TWI 方案創造的效益便會呈幾何級數增加。

傳統管理模式的企業往往採用的是工作指導培訓方法，以期加快新員工的學習過程。

但是，在傳統管理模式下，既沒有明確的生產節奏和在製品存貨量，作業未經協調，企業又鼓勵每個作業單元加快速度和提高產量，往往會導致員工忽視正確的工作方法。在這種環境下，有選擇地使用 TWI 中的方法，其成效必然有限。

而豐田採用了 TWI 中的前三種培訓方案。教材以傳統的工作工程為基礎，並「去除工作中的不必要部份」以及「充分合理利用人力、機器和材料資源」，再加上「方法」本身，就構成了豐田公司經常提到的 4M(即人、機、料、法)。並且，豐田沒有讓 TWI 方案作為一個單獨體系而存在，而是將這個方案深深融人整個豐田生產體系中。這也是豐田生產體系取得成功的一個關鍵。

TWI 人才培養方案主要包括四個部份，即工作指導、工作方法、工作關係和方案培訓。

1.工作指導

TWI 方法旨在幫助督導人員對沒有任何工作經驗的新員工進行工作培訓。培訓內容是根據數十年的實踐經驗而設計的。隨著時間的推移，培訓方案的教材被稍作調整，但基本前提不會改變。這個基本前提是將工作內容細分為多個項目，確定重點，示範和練習操作，最後達到熟練的程度。

2.工作方法

工作方法與技巧可以幫助督導人員和員工系統地分析每項工作涉及的各個層面和細節，以此確定每項任務的必要性、正確的工作順序和附帶的相關職責。這種分析工作有利於避免不必要的步驟，減少資源浪費的發生，從而提高生產力。在這項培訓中，主要向最接近作業流程的員工尋求意見，並為「抗拒變革」者提供一些指導。

3. 工作關係

此項課程旨在為督導人員提供處理及改善工作關係的一些方法。因為有許多督導人員可能缺乏經驗，不瞭解如何有效處理員工問題和一些重要事項。這項培訓課程涵蓋了對員工表現的意見回饋、內部事項的處理、好的構想和表現的獎勵、變革事項的交流溝通、工作能力的利用等內容。

4. 方案培訓

TWI 方案非常清楚，前三項內容成敗的責任在於各家企業。方案培訓是為企業內部的某些員工制定的，這些員工將確定其培訓需要；然後制訂培訓計劃書，得到管理層的批准後，迅速開始著手開展對督導人員的培訓；最後對培訓方案的成效進行檢驗。由於需要這種培訓的人員並不多，這項培訓方案所面向對象的數量不多。

運用這一方案，豐田成功培訓出了一大批負責執行工作指導培訓的人員。來自美國的原版 TWI 人才培訓方案也存在一定的局限性，例如，在工作指導培訓學習過程中，每位學員只有一次實際練習的機會，而且在教室裏只能向其傳授工作內容中的某個部份。參加培訓的人員無法瞭解全部內容，也不能獲得足夠的現場實踐的機會。

對這種培訓方法的弊端之處，豐田作出了改進，按照工作指導的方法，將工作內容按照四個步驟來培訓。

表 12-4-1　工作指導培訓四步法

第一步：使參訓人員做好準備	第二步：展示操作	第三步：試執行	第四步：後續追蹤
使參訓人員放鬆。 告訴他們所擔任工作的名稱。 瞭解他們對此工作目前的瞭解。 激發其學習興趣。 使參訓人員對工作抱有正確的認識	說明、展示、示範工作中的每一個主要步驟，一次一個步驟。 說明、展示、示範工作中的每一個主要步驟及其關鍵點。 說明、展示、示範工作中的每一個主要步驟、關鍵點及關鍵點理由。 進行明確、詳盡的指導。 注意每次教授內容的量，確保員工能夠熟練掌握	讓參訓員工嘗試實行工作並矯正其錯誤。 讓參訓人員再做一次，並解釋主要步驟。 讓參訓人員再做一次，並解釋每個主要步驟的關鍵點。 讓參訓人員再做一次，並解釋每個關鍵點的理由。 重覆，直到確定參訓人員已經充分瞭解這項內容	(1)為參訓人員指派一項工作。 告訴參訓人員可以向何人求助。 定時或不定時地檢查其工作進展。 鼓勵參訓人員提出疑問。 逐漸減少後續跟進中的指導。

5 讓合適的員工參加合適的培訓

由於企業中各崗位之間和員工之間客觀存在著很多差異。例如，每一位員工的素質、能力皆有不同，在工作崗位上表現出的優勢與不足也各有差別，用同一方式來對企業所有員工進行同一培訓，不僅不利於員工個體發展，同時也會給企業造成不必要的成本浪費。有時，還會出現「培訓與不培訓沒有差別」的狀況。

不過，這並非培訓本身錯誤，而是選擇的培訓模式不當。如果不加分析就拿著一套萬能教材，對所有員工講授，自然不會有什麼效果。因此，採取差異化培訓模式是員工培訓取得成功的關鍵步驟。

企業中不同崗位的人員如同機器上不同的零件，擔任著不同的職能。基於職能的不同，員工的知識能力和勝任素質的要求自然也不同，這就為差異化培訓提供了依據。

在員工培訓過程中，管理者應以員工為中心，在素質模型、崗位分析的基礎上，確定公司各崗位的素質勝任力標準，然後對從事不同工作崗位員工的能力進行評估，從而得出各員工的培訓需求。

同時，圍繞著不同職能的員工所應具備的知識能力和勝任素質要求，管理者要策劃、設計包括任職資格、崗位深化、工具和方法、企業文化等方面在內的差異化培訓模式，並在此基礎上開發差異化的培訓項目，絕不能盲目效仿或「添筷不添菜」，而是要量身定做，提高培訓的針對性和有效性，以保證「讓合適的員工參加合適的培訓項目」。而考慮到培訓成本，可以對同一類或有相近需求的員工進行集中培訓；而對有多項能力提升需求的員工，可企業其參加相應的一系列培訓，然後對其表現進行評估。對未達到素質要求的員工，應對其安排進行再培訓，以此形成差異化的、持續的、循環的培訓體系。

6 非常規人才培養

在企業的日常工作中，例行工作、技術性工作和技巧性工作等皆被稱為「常規工作」。這類工作具有一定的重覆性，工作內容很少發生改變。此外，還有一類工作被稱為「非常規工作」。這類工作常常在不同的工作項目之間移動，所面臨的每一種狀況也都具有各自的獨特性，需要執行者隨機自發地思考推理，作出適當的調整，考慮複雜的數據，以做出準確的決策。能夠勝任這類非常規工作的執行者，被人們稱為「非常規人才」。如果一位工程師需要負責從「發展產品概念」到「在市場上推出產品」這一過程中的所有管理工作，那麼他執行的就是非常規工作，而他本人就屬於「非常規人才」。

對於非常規人才培養，通常採用有機式企業架構來實施。常見的機械式企業結構是利用書面規則與程序，採取自上而下的方式發號施令。但是有機式企業架構則更人性化——具有柔性和強調學習。在這種架構下，員工有發展與自我表達的自由度。

豐田將標準化作業視為一項促進持續改善的有效工具。操作員在執行工作時仍舊按照規定的方式重覆地做例行工作，同時也使用標準化作業工具來改善其作業水準。即使是從事創造性工作的專業人員、產品工程師也不能避開標準化作業，他們必須使用各種標準化流程、標準零件和標準規則來從事優良設計。不過，在那些特定的標準範圍內他們還有相當大的設計選擇空間，可以不斷地對標準提出改進意見。

「授權性層級制度」有別於大多數企業中的「強制性層級制度」。在這種層級制度中，規則和標準程序幫助企業一貫地達成高水準績效。不幸的是，長期處於強制性層級制度下的員工會感覺到任何新規則或程序都像一道枷鎖，自己無法發揮出正常的能力，難以高品質地完成工作。此時，除非企業企業的文化有所改變，否則員工的擔心便可能成真。

非常規工作不具有重覆性，工作內容變化程度很高。所以，培訓機構通常會向執行非常規工作的員工教授多年積累的基本技巧。

豐田內部對這類專業人員有嚴格的培訓課程。從第一年到接下來的 2～5 年，以及隨著工程師逐漸晉升至更高層次職位，執行的日常工作內容越來越少，都分別有明確定義的培訓課程。當然，在必須學習的知識技能中，有一大部份是透過較為謹慎的在職指導方式而習得的。由於一些工程師的跳槽率較高，豐田專門建立了專業知識庫，以便於將更多工程技巧轉化為文件形式加以記載說明，同時也提升了企業內部的工程能力。

第十三章

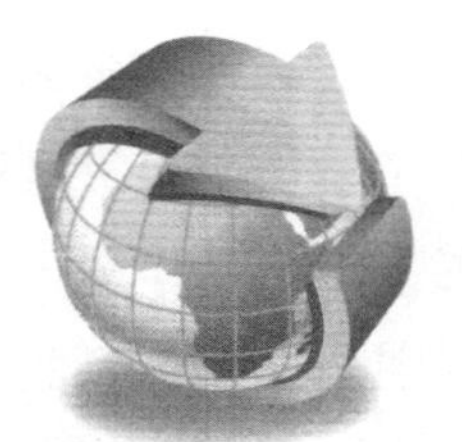

導入豐田生產方式

1 豐田自動化的推進方式

自動化不需要人監視機器，人可以離開機器，這樣才可以達到省人化的目的。加工完了停止，出現異常時機器能夠自動感知異常而停止，都用 ANDON 系統通知，作業人員可以安心地監管其他機器的工作，作業人員只有在 ANDON 傳呼的時候回到機器旁邊進行處理，為此，作業人員同時操作多台機器，生產率提高了，透過持續地改善異常，生產能力也得以提高。

自動化主要用在設備上，也包括組裝生產線作業人員按動停止開關把生產線停下來。

自動化最基本的一點是工序製造品質。為了生產出品質優良的產品來，各生產工序必須確保其工序的品質，這很重要。通常加工完了機器安全地停止，萬一品質或設備出現異常時機器能夠自動感知，隨即能夠自動停止，點亮 ANODN 燈傳呼人員，就能夠預防不良品的發生，即使產生了不良品也能將產生的不良品控制在最少限度，不讓不良品流到下一道工序，這樣流動到後工序的就全都是良品。

如果異常發生時機器就停下來，即使一個人也能高效率地對多台機器進行目視監管。再有異常原因的分析和再發防止措施也比較容易，豐田生產方式這時就會針對這些已經暴露出來的問題，採用連續問五個為什麼的方法來追查異常或不良的原因，為了消除異常或不良的原因而改良機器或作業，使之不再次發生。

1. 制定標準

為了不讓不良品流到後工序，有必要決定加工或品質的標準，以便能夠識別什麼是異常，例如沒有工件、工件沒有卸下來、工具破損、品質相關異常、加工或組裝零件不足等。這就要求企業內部從作業步驟、物品的放置方法、庫存數量等開始制定標準，與標準不同的都是異常。

2. 機器要能夠包動停止

當加下完成，當產生與加工或品質標準不同的異常時，機器要能夠自動停止。一般在新購的機器上異常停止裝置都是不足的，有必要在新買的或舊有設備上下生產技術方面的創意工夫，賦予其人的智慧，如定位停止、AB 兩點控制加工件流動的系統、防錯、各種安全裝置等。

3. 解決問題防止再發

發現異常時就把生產線停下來這固然重要。但希望要針對異常發生的根本原因應立即採取糾正措施或預防措施以防止再發。在生產現場使用各種各樣防錯方法可以防止異常的發生。有必要考慮將自動化和防錯方法同時使用。

4. 分離人的工作和機械設備的工作

為了不讓作業人員自始至終地監視著機器，重要的是要將那些工作由人負責，那些工作由機器執行明確地區分開。以機械加工為例，機械加工一般會有以下幾個作業步驟：

①往機器上安裝工件；

②按開關啟動機器；

③進行加工；

④加工完成後，機器顯示自動停止；

⑤從機器上卸下工件。

在上述作業中，人在進行①和②項作業後機器開始加工，加工完了機器自動停止，人在①和②項作業後可以離開機器做其他的事情，在機器加工完成後再回來進行⑤項作業，這樣整個一系列作業就完成了。像這個例子一樣，重要的是在機器工作的時候人可以作別的工作。使用自動化設備可以節省作業人員，如果把不喜歡的工作讓機器幹，人員安排依舊不變的話那就不叫自動化。

2 豐田加工生產線的自動化方法

1. 將人和機器分離

改革之前，左手按著工件右手搬動鑽頭進行鑽孔加工，人和機器被捆綁在一起，人不能離開機器。改革後，左手的動作改由氣缸替代，右手的動作改為馬達替代，於是作業人員在按下啟動開關後就可以離開機器。

還有檢查等工序，必須要用眼睛看計測器上的顯示數字，人也是不能離開的。可以採用目視管理的方法，人要離開機器可以採用耳朵聽的管理方法來解決，檢查到的產品是良品的話就發出「乒——乓——」的聲音，是不良品的話就發出「嘣——」的聲音。

2. 將門的開啟和關閉包動化

許多切削機器都安裝有類似滑動門的一種把車削作業部份遮擋起來的門，這種情況下該切削加工的作業內容如下：

①門的開啟；

②加工完成後卸下工件；

③未加工件的裝件；

④門的閉合；

⑤按下啟動開關。

該組作業中如果將門的開啟和關閉改為自動化作業，那人的作業就只剩下工件的卸件、裝件和按下啟動開關了。

3. 將裝件和啟動以外的作業自動化

在前述的切削加工的作業中，如果要將加工完成後卸下工件的作業也自働化的話，不需要高精度的裝置而且費用也不會太貴就可以辦到。那人的作業就只剩下裝件和按下啟動開關了。

4. 具備不良品不會流出的機制

將人和機器分離開後，人就可以離開機器了，這樣生產率就會顯著提高。但還是有一個令人困惑的問題，即使機器或加工出現了異常，因為是自動化的作業，結果不良品就會不斷生產出來，為了防止這種事情的發生，大多數的企業以監視機器作業的名義，還是實施定員制即安排人員監視機器。由於作業人員幾乎沒有什麼事情可以做，只是望著機器的動作和加工狀態，就產生了作業人員「閑視作業」的問題。

要消除閑視作業，使人安心地離開機器，光是自動化還不行，有必要實施自働化，在發生什麼異常的時候讓機器自動停止並把這種情況通知人。所以自動化和防錯方法合併使用，將防止不良品流出的機制融入機械設備，這是人要離開機器的前提條件。

5. 具備不發生安全事故的機制

在建設 U 形生產線和=型生產線時，作業人員依次從事多個機械加工工序的作業(這些工序都是人可以離開機器的機械加工工序)。當跟不上節拍的時候，就採用被稱為「追兔」的作業方法。多個作業人員同時被投入生產線，依次輪流進行相同作業步驟。針對這種操作方法，必要的是不管什麼作業狀態都要防止不必要的事故發生。

機械加工生產線使用的機器設備比較多，要建設連續流動生產線機器設備必須滿足是否小型化、是否具有柔性等如下三個基本條件：

①小型、專用：機器設備的大小要適合納入生產線佈局的程度，由於是專用如果具備該生產線所要求的功能就可以。

②一個流動加工：拋棄大批量加工的生產方法，徹底地實施一個流動加工生產。

③安裝小滑輪：不管什麼時候在那裏都能夠方便移動以隨時調整佈局。

機械加工生產線要想大幅度提升生產率的話，還必須滿足自動化應具備的以下條件：

①將人和機器分離：

②門的自動開啟和閉合；

③將裝件和按開關以外的作業全部自動化；

④具備不良品不會流出的機制；

⑤具備不發生安全事故的機制。

3 組裝生產線的自動化方法

1. 將人從組裝作業中分離

要在組裝生產線上將人從組裝作業中分離出來，很多人想到的是組裝作業的自動化和自動組裝機器。不論是那種情況都會耗費驚人的費用，而且與花去的費用相比產生的效果還不一定那麼理想。

將人從組裝作業中分離出來，不是指立刻就導入無人化作業，而是分三個階段來實施將人從組裝作業中分離，而且花費的費用也要便宜得多。

(1)使左手從作業中脫離出來

首先好好觀察左手的動作，在使左手能夠不作業上下工夫。因為在大多數組裝作業中左手是按著產品的，實際上起著治具的作用。把左手的作業交給治具來完成。

(2)使右手從作業中脫離出來

一手承擔複雜組裝作業的是右手。比起突然將右手的作業全部自動化，還是分階段逐步地實施比較好。能夠減少右手的一半作業也好，馬上行動起來。

在組裝作業中常常要緊固螺絲，該作業可以大致分為放螺絲和用電動起子緊固螺絲。簡單可行的是將用電動起子緊固螺絲的作業自動化。如果是這樣的話，放螺絲用人手作業，用電動起子緊固螺絲就可以不用到右手。能夠減少右手的一半作業，這樣暫時也可以。

⑶將人從組裝作業中分離

能夠既使左手又使右手從作業中脫離出來，手完全不從事作業的話，就可以完全實現將人從組裝作業中分離出來。

以洗衣機組裝的第一道工序為例來詳細說明如何將人從組裝作業中分離出來。該工序是在底朝上的洗滌桶上安裝馬達後並用 4 根螺栓緊固，該作業需放一根螺栓然後用電動起子緊固，這個緊固的動作需要重覆 4 次。所以想一次將 4 根螺栓全部緊固，該工序就按以下順序實施了自動化和將人從組裝作業中分離出來。

①製作防暴治具。

將重覆 4 次的作業變更為 4 個螺栓同時緊固，先用 4 個電動起子練習緊固了一次，4 個起子頭一旦東倒西歪的話就很危險。將人從組裝作業中分離的第一步就是製作防暴治具。

②製作懸掛電動起子的治具。

電動起子不偏離目標螺栓的話，就應考慮 4 個電動起子一起太重，需要製作懸掛電動起子的治具。

③將電動起子緊固螺栓的作業自動化。

有了懸掛電動起子的治具，4 個電動起子的作業就變得輕鬆了，但是依然需要人用右手拇指按著開關，以一定的扭矩來緊固螺栓。能不能按下開關後就使右手脫離作業呢？可以的，將右手拇指按著開關以一定的扭矩來緊固螺栓的作業改造為由氣缸來完成，在達到一定的扭矩後作業就自動停止。電動起子也回歸到原來作業前的位置。就這樣將 4 個螺栓組合成一組，按下電動起子的開關後，作業人員就能夠完完全全地離開組裝作業了。而且用到的電動起子都是原來多餘的，除了製作工時費用外不會額外產生什麼費用。

2. AB 兩點控制系統

AB 兩點控制系統是一種多用於傳送帶生產線的自動化技術。在 U 形組裝主生產線及與其分組裝線（旁道生產線）直接連接的搬運零件的傳送帶上也使用。

為了不致讓後工序等待加工的半成品堆積，透過 A 點（前工序）和 B 點（後工序）是否有工件，來控制加工物品流動的一種機制。該機制和異常發生時停止生產線同時使用，是將物品流動的濁流（批量流動且混雜不良品）變為清流（全部良品而且是一個流動）的基本手段。

3. 異常發生時能夠停止生產線

在多工序作業的生產線，如果發生不良品等異常時，就必須點亮 ANDON 燈並停止生產線，這是在連續流動生產過程中通知發生異常的重要手段。

即使出現不良品時也不停止生產線，問題不予以解決，還是不停地進行生產，長此以往不良品產生的問題就像慢性病一樣得不到根治，在這樣的生產線物品的流動就始終是濁流（批量流動且混雜不良品）。

如果一旦發生不良品等異常，就堅決地把生產線停下來。像這樣不管什麼時候物品的流動就是清流（全部良品而且是一個流動），這對構建強大的現場體制非常重要。

組裝生產線的自動化首要的是將人和組裝作業分離。還有，在組裝主生產線及與其直接連接的旁道生產線（分組裝線）上由主線 B 點拉動旁道生產線 A 點物品流動的 AB 兩點控制系統，把生產線建設成為當不良品異常發生時能夠停止的生產線等也很重要。

 現場生產線的狀態

以一般的工作現場來說，東西的流動法越零亂越容易發生浪費。因為現場的能力不能從平均值看出來，往往在工作的巔峰才能夠顯露出來。就是大名頂頂的豐田也有過那種時代。如果工作量在一天之內(以一星期、一個月為單位也可以)變化的話，其現場必需擁有能夠適應巔峰時的人員、機械以及材料才可以。

那麼，工作量少時，這種配合巔峰的能力又如何呢？不是作業員在閒蕩，就是製造貨品過多，造成了極大的浪費。關於這一類事，日常就可以在結賬的經理部等處看到。經理部以一個月或半年為單位就有一個巔峰，現場的巔峰不以那麼大的週期來臨。通常是每天都有一次、或者以每一個小時，甚至 10 分鐘為單位，工作的巔峰往往就會來臨，這種工作的巔峰雖然小而顯得零碎，但是不得不注意。

某家公司從事於鍍金的作業，現在的汽車車頭燈使用樹脂製造，甚至車頭燈的框也同樣使用樹脂製成，然後再鍍金。這時一個架子上必需掛 48 個車燈，這是 5 個作業員的工作。移動架子的時間被決定為 2～3 分鐘，掛 48 個車頭燈框的工作，一個人有 1 分鐘就足夠了。可是要鍍金的零件中也有小的東西，那些只有 2～3 公分大小的東西，在 3 分鐘之內必需掛上 3000 個。在這種情形下，5 個作業員再怎麼趕也應付不了。雖然同樣是 5 名作業員，但是處理

小東西時，作業量遠比處理大東西時多。

這原本是很自然的一件事，可是總得想辦法克服。左思右想才想到車頭燈框裏有空間，於是，決定把小的東西掛在它裏面。換句話說，此舉是削平了巔峰，使作業量平均化。正因為如此，現在仍然以兩、三個人做相同的工作。

5 汽車裝配線是互相連貫的

如果製造汽車時，使用這種平均化的想法又會變成如何呢？現在就來看看裝配線。如果每個月裝配 2 萬輛可樂娜的話，以轉動 20 天的機械計算，每天裝配 1000 輛就行了。雖說是 2 萬輛，同樣是可樂娜的車種，製造法都是非常的多樣化，像型式、車胎、車殼的顏色、訂戶特別叮嚀的型式等等，以組合式的設計來說，大概能夠製造 80 萬種。凡是顧客有特別的要求，就依照他們的意思製造。

實際上，可樂娜車種經常只有 3～4 千種被製造。問題在於如何去製造這 3～4 千種汽車。以這個例子來說，每月欲裝配 2 萬輛可樂娜的話，必需考慮到如何把 4 千種的汽車做如何的排列法。

或許你會立刻想到，那就把制法相似的汽車集合起來吧，如果車子外殼的顏色是白的話，就把白色的集中起來裝配。如此做的話，在眾多的工程中，塗裝工程最感到方便。因為只要相同的顏色，可以省掉每一次改換顏色時洗滌管子的麻煩，也不必更換噴霧器。

以裝配工程來說，汽車的外殼雖然同樣是白色，可是使用的引擎卻有五種，如果碰到一連串都使用相同引擎的話，可用同一作業應付，也可防止裝錯了引擎，能率當然會很好。實際上不可能有這種情形。既然兩萬輛使用 4000 種裝配法，那麼，平均只有 5 輛車的製造及裝配完全相同。在現實方面，豐田每月生產的 2 萬輛汽車裏，同樣的汽車有 50 輛就算最多了，最實際的想法是認為每一輛的模樣都應不同。

製造一輛汽車必需使用 3000 種左右的零件，如果把大小螺栓一並列進去的話，恐怕需要 3 萬個。既然要使用 3 萬個零件，有沒有辦法裝配得更巧妙呢？

如果有如前例一般，只使白色汽車流通的話，塗料公司必需專門去製造白色塗料，如果該公司也有製造青色以及黃色塗料部門的話，那麼，青、黃兩色的專用生產線的作業員只好閒蕩，這麼一來，就無法要求塗料公司工作的平均化。

又如：汽車外殼塗裝成白色的場合，通常座位是使用黑色或者青色。如此一來，製造茶色及紅色座位的部門人員也無所事事，如此情況下，根本就無法使座位公司的工程平均化。想到這一點，就可以恍然大悟，原來 3 萬個零件各有製造公司，以及必需經過各種工程，所以，裝配時必需講求的工夫是：如何平均化取用各種零件。

6 數量與種類都要平均化

配合工作巔峰的能力，有時是一種浪費。如果是製造單一制品的場合，由於生產計劃以及人員的安排，也許可以使工作的巔峰與谷底緩和下來，或甚至以援助的方式減少浪費。可是，一旦欲進行汽車一般多種複雜品的平均化生產時，那就不是輕易能辦到的事了。

充其量能夠列入考慮的是：有如一般廠商所採取，以為豐田也曾經利用過一般，但存著某種程度的庫存品，這麼一來，每一條生產線彷佛每天都有工作一般，訂立他們的計劃。不過，如此一來，必要的零件庫存量，將多出裝配線每天平均裝配的三、四倍，將產生很驚人的浪費。

那麼，到底要如何做才妥當呢？

欲展開多數複製品平均化生產的話，並非講求量的平均化就行，而且非做到種類的平均化不可。

以可樂娜汽車例子來說，除了一天千輛的輛數以外，像引擎、自動變速機、油門、車身、外殼的顏色、內側鑲板等，都是把單位種類不同者分散開來，再加以裝配。

前往豐田的裝配線參觀的人往往會詢問，為什麼這邊有紅色的可樂娜牌轎車，在遠遠的地方也有紅色的可樂娜呢？為什麼不把紅色的轎車集中在一起，使它們流動呢？廠方之所以不如此做，理由在於種類的平均化。如果把紅色的可樂娜轎車集中在一起流動的話，像紅色坐位等的內裝零件，在上午就會忙著使它們流動，可是到了下午往往就沒有工作。

引擎方面，像 2000CC 以及 1800CC 等，大體上也要以被使用的比率使它們進入。輸出用的左方向盤車與日本國內用的右方向盤車，可憑那時的銷售情形交互的放入，或者以兩輛右方向盤車配一輛左方向盤車，使之流動。

如此這般，一直到末端的工程為止，必需備齊不會形成工作的巔峰與谷底的條件——使全工程系列能從事平均化的生產。此種「量與『氣種類』的平均化」，豐田生產方式稱它為「平衡化」。而且，這種平衡化的生產是排除浪費的大前提。

同時，像這樣在最後工程能夠展開平衡化生產，方能夠使「告示牌方式」成立，在沒有平衡化生產的地方，「告示牌」方式將招致失敗。

不止是量的方面，一旦連種類也平均化時，「以什麼為標準使種類的分散平均化」這一種事將成為問題。所有的工作都有所謂的時機，如果不合乎時機的話，將耽誤顧客的進貨期而被取消，反過來說，太早就製造很多的話，說不定會造成如山一般的庫存品。如果把這兩件事比喻為棒球賽的話，「不合乎時機」就等於進壘，而「不合乎時機」也就是出局。

這些所謂的時機是由顧客來決定的。如果在目前，可樂娜月銷 2 萬輛的話，使用 20 天來除就等於每天必需製造 1000 輛，否則的話將來不及。如果說每天工作 8 小時的話，在 480 分鐘裏就得製造 1000 輛。

480 分/1000 輛＝0.48 分。也就是說，每 0.4 分鐘就得製造一輛，否則的話就趕不上顧客的需要。如此這般，不管是製品或者零件「在幾分幾秒裏能製造一個」，這也正是所謂的週期時間。

週期時間是製造東西的必要條件，這個條件通常由顧客來決定，也就是由銷路來決定。根據這種週期時間製造東西，才能夠排除製造過多造成的浪費，創造出真正的能率。

7 生產線計畫要均衡化

所謂的平衡化生產，是為了消除工作的「山」與「谷」，避免工程進度太快，能夠有平均性的工作狀態而被想出來的。其實除了這一點以外，還有一個很大的好處。那就是很容易變更生產計劃，而且現場也很容易適應計劃的變更。

每天製造 100 個貨品的生產線，由於計劃的變更，每天非生產 105 個不可，在這種情況之下，不必去改變工作能力，也不必考慮到麻煩的問題，自然就能夠做到。但是本來製造 100 個貨品，由於變更計劃必需生產 150 個的話，那就有麻煩了。譬如非加班不可，人員不夠，極端的場合甚至非購入機械不可等等，問題接踵而來，叫現場大起風波。如果這種情形繼續下去的話，只好真正的增加人員，或者利用外制的方式，如此才能夠稍微適應變化。

然而，只要仔細的想想所謂的生產計劃，就不難發現到處都在做無聊的事。一月裏每天生產 100 個貨品，到了二月由於訂貨增多，不得不製造 110 個，關於這一件事，通常在 1 月 10 日左右就可以知道。在通常情形之下，必需先把二月份的生產計劃立案，召開會議，再撰寫成文書。到了 1 月 30 日以後，現場才能得到指示。在嚴重的場合，雖然已經知道二月的生產量得增加二成，三月還得增加二成，但是必需保留到公司召開生產計劃會議時才能公開，以致到了迫於眉睫時，才慌慌張張的進行籌備。

事務部門尚且如此，現場的人員又怎能適應變化呢？受到自己所規定的條例所束縛，往往是自己無法適應變化。

所以，關於生產計劃的變更方面，像這個例子所示，在 1 月 10 日就獲知二月必需增加 20%生產量的話，到 1 月 11 日就叫現場增加到 105 個，或甚至 108 個，只要少許地增加，現場的人員就不致於心慌腳亂。為了實施均衡化生產，計劃也得均衡化才行。

豐田廠有一個人照料 16 台機械從事齒輪的加工。像自動織布機從事同樣作業的機械，或許不值得大驚小怪，可是這 16 部的機械必需各別的從事研磨以及切削的不同作業。

作業員取了前工程部來的一個齒輪後，立刻把它安放在最前面的機械。同時，把那一部機械業已加好工的齒輪取出，放入滑槽，如此齒輪就會滾到下一部機械的前面。

作業員移到第一部機械，這時，他只要按下第一跟第二部機械中間的開關，剛才安排好的第一部機械就會開動。

同樣地操作第一部機械，再移到第三部機械。一面走一面按下開關第二部的機械就會開動。重覆以上的動作，在 5 分鐘內就可巡畢 16 台的機械。也就是說，5 分鐘巡畢 16 台機械即可完成一個齒輪。如欲大量製造齒輪的話，可在 16 台機械各分配一個作業員，如此在 18 秒內就可完成一個齒輪。如果使用這種齒輪的汽車，在 5 分鐘就可以銷售 1 輛的話，這種齒輪的週期時間有 5 分鐘就行，根本不必勞師動眾的使用 16 個人。

這種齒輪在 5 分鐘內能生產一個就夠了，根本不必製造太多。

8 導入豐田汽車生產方式的順序

如果以人、物、設備等為切入點，重新認識豐田生產方式的話，其實豐田生產方式就是徹底地進行人、物、設備相關改善後的面貌，實際上非常簡單。

豐田自身的重點是進行人的改善，將人的浪費、動作的浪費等徹底地進行消減並把作業予以標準化。在豐田看來，他的物或機器設備已經達到了某種水準，所以重點就重在人的方面。

根據豐田公司的經驗和作者的顧問經歷，先從設備著手，然後是物、最後是人，以這樣的導入順序比較好。表 13-8-1 所示的是整體導入豐田生產方式應遵循的階段和順序，各階段之間的先後順序是非常重要的。

表 13-8-1　豐田生產方式整體導入的正確順序

時間(月) 階段	1月	2月	3月	4月	5月	6月	7月	8月	9月	10月	11月	12月
學習、準備	—	→										
改善設備佈局、改革換模換線作業		—	—	—	—	→						
改革企業內物流和外部相關方之間的物流			—	—	—	—	—	—	—	→		
推進自動化					—	—	—	—	—	→		
實施平均化生產							—	—	—	—	—	→
創建標準作業								—	—	—	—	→
實現生產的彈性人員配置										—	—	→

1. 機械設備和工序連續流動化佈局、改革換模換線作業

透過 P-Q 分析，將品種和數量之間的關係弄清楚，按各個品種產品的生產數量大小和加工技術流程特徵規劃細分生產線。生產數量多的品種使用專用生產線進行加工生產，不需要換模換線、將大的批次壓縮為小批次每天進行生產，這可以使庫存大幅度消減。將產品不同但技術類似的產品放在同一條生產線生產，就是成組生產線或混流生產線。生產數量不定的那些產品品種透過通用生產線來生產。這種按產品品種細分生產線，在細分的小生產線更容易進行連續流動生產，也可以實現彈性作業人員配置。

改造機器設備成為小型化、專用化、自動化、不固定位置、方便移動。

撤掉傳送帶，按工序行進的先後順序佈局設備，將組裝生產線或加工生產線佈局成 U 形生產線或＝字生產線，將自動化線佈局成向日葵式生產線和手風琴式生產線。工序內設備間距儘量縮小，工序間有一個加工出來的產品送到下一台設備進行加工的放置點。佈局要在「生產線要將人集中，將人的作業集中，出入口一致，根據生產數量的變化易於彈性地安排作業人員」、「零件魚貫而出一個流動供給，物品在工序內和工序間不停頓地一個流動同步生產」、「要在一個生產節拍之內把產品生產出來(即依據生產節拍的需要合理配置設備數量)」上動腦筋。

幾乎所有的企業所有工序都是以大批量的方式進行生產，因此有必要把換模換線時間縮短並保持較高的可動率，以便把每個批次的生產數量縮小，這樣的話半成品在線庫存大幅度減少。先把批量減少至 1/3 作為目標的第一步。在導入看板的階段，要把批量減少到後工序使用量的 1/5 以下。

傳統生產方式按設備種類來佈局工廠，換線的時間先後不同，換模換線的壓力被分散了，按工序行進的先後順序佈局設備，同時換線的壓力就集中了。這樣一來，過去分散進行的換模換線，整個企業就不得不對應。這樣整個企業進行換模換線的改善就有必要了。

換模換線時間的縮短直接左右著實現豐田生產方式的大前提「平均化生產」，它關係到豐田生產方式導入的進展和成敗。只要推行換模換線作業的改善，導入過程中的瓶頸就會減少，後續就容易得多了。因此，對那些在豐田生產方式的導入或進行一些其他的改善方面已經失敗了，還在猶豫究竟該從那裏入手的企業來說，首先作為最高管理者方針的第一條就是把換模換線作業的改善提出來，成立專門的部門來發起，整個企業形成一股合力著手徹底地改善。

很多企業機器設備可動率普遍不是很高·機器設備壞了不能得到及時修理，而且也沒有採取任何糾正或預防措施來提高設備運轉率。應該以迅速修理和採取再發防止措施為改善重點。目標是在ANDON 點亮 30 分鐘以內迅速修理和採取再發防止措施。

按工序行進的先後順序佈局設備可以消除搬運時間，縮短生產週期(Lead Time)，它是導入豐田生產方式的基礎和前提條件。U形生產線或＝字生產線不僅 1 個作業人員可以從事多道工序的操作而且使小批量生產運行得更好。改造後的設備可以規範物流，便於保養並有利於作業人員與設備之間實現同步生產。快速換模換線能夠使多品種小批量生產和看板運用更加簡單和容易，也極大地減少中間庫存。連續流動化可以使很多事情變得容易。

2.改革企業內物流、和外部相關方之間的物流

在地圖上確認零件供應商、客戶的位置，瞭解物品運輸的線路、貨物量、載重率、運輸次數等現狀，在此基礎上設定連接供應商、客戶的定時物流卡車。要設定各物流卡車定時運行(按一定的時間間隔，例如最少每天一次)的線路。在設定線路時儘量縮短和簡化運行線路，力求混裝不降低裝載率的同時，縮短其運行週期，適當增加運行次數。

豐田生產方式的物品搬運分為「定時不定量」、「定量不定時」、「定時定量」三種。在起始階段，先從「定時不定量」開始，在連續流動比較順暢的時候，再實施「定時定量」。

在導入豐田生產方式時不需要另設物流卡車，之前企業的物流一般是無規律而且頻繁，只需改善運行線路和運行時間間隔，即設定固定運行線路和按一定時間間隔即可。

首先應關注的是讓定時物流卡車按規定的時間發出，工廠內外不斷改善，以使載重量一定。物品在整個物流過程不停滯，使整個物流過程同步化。

從企業外引入的物流與企業內搬運銜接構成一個物流網。負責企業外部物流的定時物流卡車和工廠內的豉豆蟲，透過在企業裝卸車場附近設置的進料倉庫(或備料場)將兩者的物流連接起來。整個物流網同步流動，其流動的週期由構成企業內物流一部份的加工工序或裝配工序的週期生產時間(Cycle Time)決定。

要構建正確的內部物流網路，先決定工廠物品的出入口，然後設計將出入口連接起來的物流線路和店(或庫)，按物品連續流動的順序(即工序行進的先後順序)調整工廠內的加工工序或組裝工序的佈局使其流動最短而簡化。重新佈局後的各工廠之間和各工廠內的工序或組裝線之間，由事先決定好的線路按一定的時間間隔巡迴地搬運零件等物品的豉豆蟲(搬運者)來連接，工序內或組裝線內作業人員用手或用自動傳送裝置連接。

連接工廠內部各工序的搬運原則上按事先決定的各零件的使用量實施定量不定時搬運。後工序在某零件使用到一定的時候向前工序領取已經使用的量，將其補充到庫存裏面。定量搬運時的搬運時間根據後工序使用量的變化而不同。

工序間和企業內外部之間的物流改革有助於實現連續流動生產，使 JIT(準時化)生產成為可能。

3.推進包動化——人工智慧化

自動化是豐田生產方式的一大支柱，也可以說它是 JIT(準時化)生產的補充。實際上現場在推行的時候是沒有辦法嚴格區分這是 JIT(準時化)生產那是自動化的，他們往往錯綜複雜，某些時候又同時推進。JIT(準時化)生產重視的是順暢地連續流動，而自動化重視的是終止這個連續流動，終止是為了將來更加順利地流動，不是讓異常不了了之，而是要從根本上去解決異常，這樣的話 JIT(準時化)生產才會變成更加理想的連續流動生產。這就是以異常為中心的管理，並使管理更加具有效率。

ANDON 系統、看板分別是自動化和 JIT(準時化)生產使用的工具。

生產線已經部份實施了自動化的企業已經很多了。把那些由人作業和那些透過機器設備來進行作業明確地區分開來，更進一步地推進自動化改善，生產線加工完成、異常發生時機器能夠感知並自動停止，作業人員發現問題停止生產線時都使用 ANDON 系統來予以視覺化。沒有 100%自動化的必要；將人和機器設備組合一點一點推進；將作業人員從機器設備分離出來後，要安排從事別的工作。

有必要考慮自動化和防錯裝置成套使用。和 ANDON 系統並用時又是很好的目視管理工具。

小工廠需要照看的工序比較少，一個作業人員操作兩台左右的設備，即使有操作多幾台的情況，也可以一個巡廻迅速完成，所以就不需要通報異常的 ANDON 系統。用其他通報異常的方法也可以，例如報警蜂鳴器等，尤其是那些佈局較差的工廠最為適用。

要實現 JIT(準時化)生產，生產的產品和領取的零件必須全部是良品才行，要實現這一點就是自動化。這樣就建立了「從源頭控制品質、防錯」的防止不良品流出的機制。

生產加工完成或品質、設備、異常發生時機器能夠自動停止並透過 ANDON 系統通知作業人員，這樣一來作業人員就可以離開機器，照看其他機器的作業。這時一個作業人員可以進行多種作業，生產率就提高了，透過持續地改善異常，生產能力也得以提高。

4.實施平均化生產

讓生產連續流動起來，使物流動起來，這是平均化生產的第一步。

生產計劃依據各工序生產能力與生產節拍指示生產數量與生產進度，在與銷售計劃進行整合的前提下，實施平均化生產。給供應商的生產計劃要平均化，每天收貨的數量也要平均化。

為了對應小幅波動，按一定比例模式在貨店裏保持 3 天的庫存，這些庫存掛上看板，出貨時取下的看板就分 3 天平均移動作為生產的指標。

碰到大宗訂單，需要在要求的交付期之前提前生產，每天從貨店裏平均領取直到交付日到期為止剛好完成，實際上這本身就使生產平均化了。

企業通常會生產多個品種的產品，有必要將各品種每個月的生產數量平均到每天。工廠每天將許多品種成組進行生產，在一個月內進行平衡。為了每天每小時生產量的波動盡可能的小，每天要生產一次時，分為午前和午後兩次，或者再增加次數。為此，使用平均化箱比較方便，做成按顏色來區分品種的看板，進一步用顏色表示生產的順序，在此過程中透過看板插取，每天的生產按看板的發出順序進行平均化生產。

針對重覆生產的品種運用看板。但是不重覆生產的品種，產品如果是以同樣的工序生產時，根據出貨的先後順序，後工序加工完成時，從前工序取過來進行生產。

平均化生產僅在組裝生產線或部份工序實施的話，僅限於局部效率的提高，整體的效率並沒有提升，還是整個生產系統的連續流動生產比較重要。

企業裏有加工工序和組裝工序。加工工序平均化的要點是換模換線的改革。組裝工序的重點是品種切換和作業平衡，最終的目標是組裝工序不考慮品種切換。品種切換的改革改善內容是為看板和切換作業準備。

看板方式能夠很好運行的前提就是平均化生產。換句話說，看板只有在平均化生產的條件下才能使用。

平均化生產以市場和客戶為關注焦點，重視符合節拍時間的整體效率的提高，降低了庫存，縮短了生產時間(Lead Time)。平均化生產是消除浪費的大前提。

5.建立標準作業

產品經過一個個的工序行進形成連續流動的生產，作業人員可以離開運轉中的機器設備，產品種類和數量都被平均化，這些使得作業人員週期性的重覆作業成為可能。現場的管理監督者把以人為中心的動作、沒有浪費的步驟有效率地進行的生產作業用書面形式總結出來，張貼在生產現場既作為作業人員作業的標準也作為改善的基礎，還作為對作業人員進行工時績效評價的依據。這種標準作業的管理包括作業人員所有的動作、品質檢查的具體步驟和安全要點。有了標準作業才使現場管理監督者正確的監視和指導成為可能。

標準作業分三種類型，應根據作業性質來予以標準化。以能夠發現浪費為最重要。

只有這樣將作業標準化後，才可以在各種各樣的變化當中來維持標準作業、使異常暴露、進而促進作業人員的改善，只有這樣才能夠靈活而有彈性地安排作業人員及生產計劃。

6. 生產線的彈性人員配置

將生產線與生產線連接，消除孤島，打破現場定員制，人員流動多工序作業。工作減少一半時人員也可以減少一半。

每個月在作業人員負荷一定的情況下隨著生產數量的增減來彈性地安排作業人員，計劃安排生產線。所有的生產線按下個月的生產數量來重新佈局。

實施生產的彈性人員配置可以提高現場士氣，活躍現場，也使企業體制更具活力。

9 導入豐田生產方式的案例

一家汽車輪轂製造公司，，是衛星工廠為了提高競爭力而導入豐田生產方式，該公司的現狀如下：

該企業的輪轂在維修市場需求量大，能夠穩定地發展並取得收益，這都是該企業能夠開發出具有競爭力產品的結果。但是，現在該市場進入門檻低，價格競爭較為激烈。

在現有情況下，為了進一步提升產品的開發能力，在全國範圍內進行採購，透過開設新廠來強化競爭力的同時，對其傳統生產方式進行改革，徹底地降低成本，為此，管理層做出決定要導入豐田生產方式。

每天下午兩時以前接到的訂單，當天就從倉庫出庫、包裝出貨。下午兩時以後接到的訂單第二天出貨。產品因為是供維修市場使用，產品品種多達數百種。成品平均庫存量達兩個月以上產量，幾乎所有的品種都有庫存。

由於生產是一個月一次的大批量生產，生產的數量相對較少，所以向供應商採購差不多所有的零件最多一個月採購一次。採購回來的零件要進行進料檢查，檢查後暫放在倉庫，在需要的時候根據生產的情況再出庫。

公司是典型的傳統生產方式。各生產工序按生產計劃進行生產，生產完成後搬運到下一工序。所有搬運到後工序的半成品都要用於生產，因此半成品的數量比庫存的成品還多。

公司各工序即使生產數量多的產品品種也是以一個月一次的大批量生產方式進行生產。最近，生產數量多的產品品種在銷售數量上有減少的傾向。

公司生產技術比較先進，機械加工的自動化生產線較多。這些自動化生產線適合進行大批量生產，但刀治具更換的時間較長。

該公司能夠開發具有競爭力的產品、生產技術較為先進。5S不是十分地好，作業標準之類已交由相關責任人員負責編寫，但還有完成。進行中的工作無法用視覺化的方法顯示出來。還有一點就是受其體制束縛，員工只做被指示的事，其他事不做，所以現場對改善不是很積極。

主要生產工序如圖 13-9-1 所示，生產屬於典型的傳統生產方式，各工序按月生產計劃安排生產，生產完成後搬運到下一工序。各工序簡要說明如下：

圖 13-9-1 生產技術流程簡圖

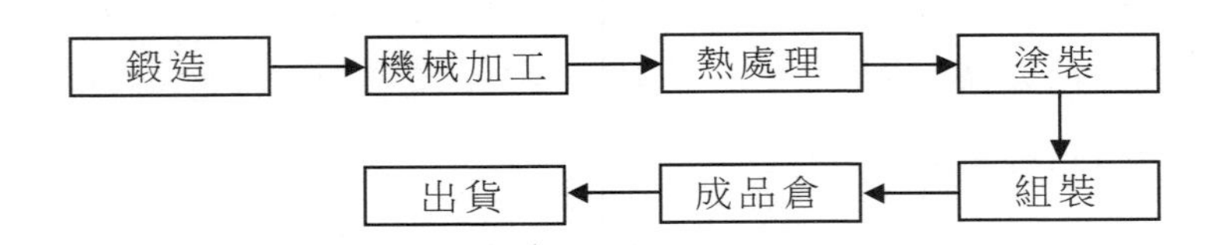

①鍛造。鍛造工序以大批量的方式進行生產，產能有些不足，批次大小為：生產數量多的品種要生產一個月需求量以上；生產數量少的品種要生產 2～4 個月需求量以上。鍛造工序必須先於機械加工工序一個月生產，所以半成品在庫非常多。成型的 3 個工序共

用一套模具，所有 3 個工序中的兩個是讓熔融狀態的鋁合金排隊等候成型，該成型作業需要作業人員相當熟練。

②機械加工。機械加工不是把相同型號的機器集中佈局，大多數是按流水線佈局的，自動化程度較高。自動線的刀治具更換大都需要半天以上時間，所以生產批次的量是一個月需求量。沒有按流水線佈局的加工部份，工序間的半成品是透過批次搬運的，所以生產週期(Lead Time)較長。機器設備的可動率相當低，機械加工先於組裝加工一個月生產。

③熱處理。熱處理的方法分好幾種情況。生產數量多的產品的處理方法是一種，在熱處理爐中使用傳送帶淬火和退火，需要四小時時間，不需切換。還有其他燒成的方法，但基本上需要切換或進行作業準備。

④塗裝。塗裝工序是將產品懸掛在吊鉤上進行噴塗。噴塗方法有好幾種，但噴塗線只有一條。

⑤組裝。組裝是負責從組裝到出貨的單元式生產，共有十多個生產單元。組裝需要治具的更換，所以是大批量生產方式。即使是生產數量多的產品品種也都是一個月生產一次，生產完成的成品搬運到成品倉儲存。

工廠的生產作業，改革方案如下：

步驟 1：生產分析

該企業產品種類較多，需要先做 P-Q 分析。實際進行 P-Q 分析時，做出如圖 13-9-2 所示的產品 P-Q 分析簡圖。

圖 13-9-2　P-Q 分析簡圖

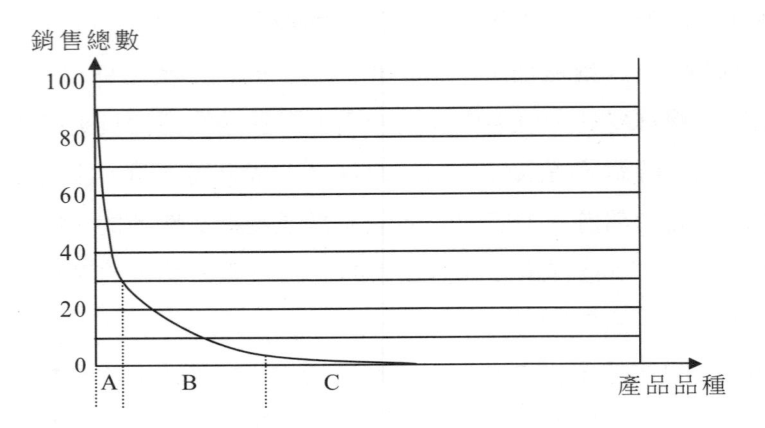

圖的縱軸是一年內銷售的數量，具體數據指數化了。從圖上可以看出，銷售數量較少的品種多得驚人。產品品種如圖被分作三個組別。A 組產品和 B 組產品合計有 100 多個品種，屬於銷售較多的產品組。

A 組產品銷售數量多，要盡可能每天生產。B 組產品根據銷售數量，要盡可能每週生產 1～4 次。C 組產品根據銷售數量，半個月到六個月生產 1 次，整個生產過程編排生產計劃，按計劃進行生產。但是銷售數量較少的產品品種較多，有必要減少產品種類。產品品種究竟應該怎樣規劃呢？過去從來沒有考慮過這個問題，需要檢討。還有產品功能的整合、特殊產品的按單訂做等，重要的是要從不同的角度來檢討。

步驟 2：生產改革方案概述

基本考慮是停止產品每月 1 次的大批量生產，盡可能進行小批量生產。為此，有必要竭盡全力來縮短換模換線的時間。

為了盡可能地減少庫存，A 組產品和 B 組產品只向其組裝工序發出生產指示，要把生產時間(Lead Time)縮到最短。C 組產品所有生產工序均按計劃進行生產。

鍛造和機械加工目前暫按生產計劃進行生產。熱處理和塗裝均根據各自的生產計劃進行「後補充生產」，生產定時不定量，即只生產組裝工序領取的數量。整個方案如圖 13-9-3 所示。

圖 13-9-3　生產改革方案

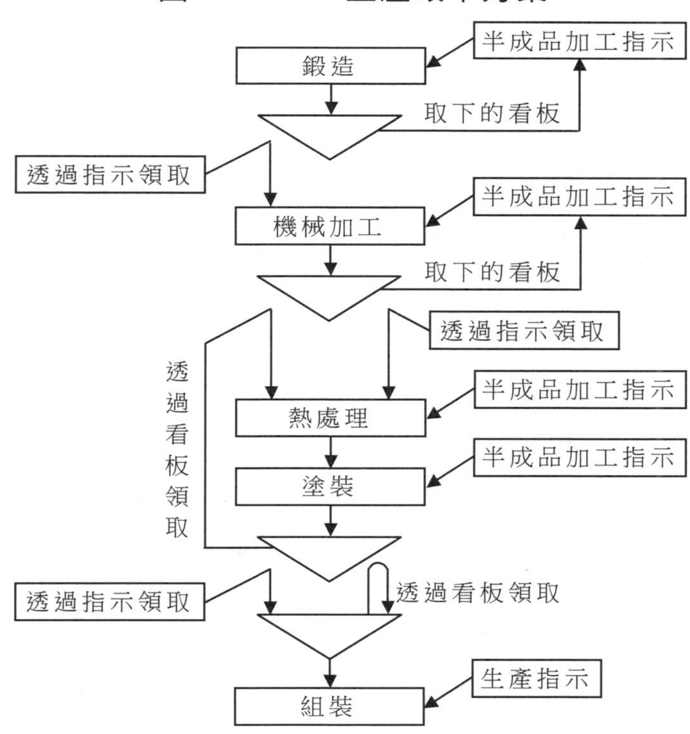

步驟 3：組裝

從接受訂單到出貨的生產週期目前比較短，維持現狀。A 組產品和 B 組產品，根據客戶需求的變動情況，編制週生產計劃和季生產計劃。週計劃是確定的生產計劃，季生產計劃是預測生產計劃。C 組產品需要編制月生產計劃。

為了消減庫存，A 組產品和 B 組產品有必要盡可能每天都生產。要縮短切換的時間，盡可能以小批量的形式進行生產，透過增加生產的單元來考慮盡可能地縮小批量。將每天生產的品種分作數次進行生產，所需零件要放置在生產線旁邊，透過看板來領取。不是每天都生產的產品品種，要根據生產計劃向前工序或倉庫發出看板。

步驟 4：熱處理和塗裝

塗裝工序後 A 組產品和 B 組產品要維持必要的庫存方便組裝工序的領取，熱處理和塗裝工序都採取後補充生產方式，僅生產組裝工序領取的量。熱處理從機械加工工序的領取，根據熱處理的使用情況採取定時不定量的方式。但是，機械加工不是小批量生產的時候，則使用看板一點點地領取。

步驟 5：機械加工

因為熱處理和塗裝工序採取後補充生產方式，A 組產品和 B 組產品就要維持必要的庫存·目前要按生產計劃進行生產以補充庫存。生產批量的大小預先決定，按後工序的使用量和今後需求量的預測來進行調整，定時不定量地進行生產。因為目前不能實現平均化生產，生產批量稍大而採取這種方式。為了掌握後工序領取使用情況，每個產品箱都掛著看板。後工序在領取的時候，把取下來的看板放入平均化箱裏面。根據取下來的看板數量來瞭解後工序的使用量和現有庫存狀況。

自動化生產線即使徹底地縮短刀治具更換的時間，由於生產數量較少的產品品種較多，這些產品的生產方法需要再行檢討。可以替代的方法是使用加工中心。總之，是要把生產數量不定的產品品種從自動化生產線分離出來，儘量縮小生產數量較多的產品品種的生產批量。

步驟 6：鍛造

鍛造工序目前和機械加工工序一樣實施定時不定量生產。生產數量較多的產品品種，其生產批量盡可能與機械加工相同。還有在生產日程的安排上，要考慮鍛造出來的產品儘早地送往機械加工工序。

步驟 7：組裝用零件的採購

採購回來的組裝用零件不進行來料檢查，考慮別的品質保證機制。這種機制的改變，要安排計劃，並按計劃來進行。再有，採購回來的組裝用零件原則上不進入倉庫，在使用的組裝生產線旁邊設置貨店。組裝工序每天使用較多數量的零件，考慮讓組裝生產線使用看板進行領取。

第十四章

豐田汽車換模換線作業的改革

1 換模換線作業的革新

換模換線按其作業內容大體上可以分為換模換線作業、準備和後整理作業和無用作業。

換模換線作業(On-Line Set-Up)是指不停止機器或設備無論如何也不能進行的作業，是指在加工完了後把機器停下來進行換模換線，直到生產出第一個合格品為止這時間段所進行的作業。

準備和後整理作業(Off-Line Set-Up)是指不停止機器或設備，在機器設備運行過程中就可以進行的準備作業。

無用作業是指與換模換線作業無直接關係的作業，如尋找治工具、等待吊車等。如果下廠內這種作業太多的話就完了。

以這三種作業為基礎，換模換線作業改革的步驟劃分如下。

⑴成立換模換線作業改革小組。

當有換模換線作業改革的需要時，在瞭解現狀的基礎上成立改革小組，在此階段管理層有必要表明其堅決的意志。

⑵換模換線作業的分析。

找出非常耗費時間的換模換線作業，識別其換模換線作業內容，使用「換模換線實績表」、「換模換線作業分析表」將其現狀問題用表格的形式提出來。

⑶識別無用作業，來消除浪費。

將現有作業過程按換模換線作業、準備和後整理作業和無用作業進行劃分，消除與換模換線無直接關係的作業。

將部份換模換線作業轉換為準備和後整理作業。

改變觀念重新審視過去認為只有停下機器設備才能進行的作業，設法把其納入準備和後整理作業。這是將換模換線時間縮短的最具有決定性的方法。

⑸換模換線作業改革改善。

將部份換模換線作業轉換為準備和後整理作業，這樣換模換線作業更加明確了。在此階段，再次審視不能納入準備和後整理作業的部份，實施縮短其作業時間的改革改善。其要點是無螺栓化、模組化和平行作業。

⑹準備和後整理作業改革改善。

換模換線分為換模換線作業、準備和後整理作業。要縮短整個作業的时間。像進行換模換線作業改革改善一樣，進行準備和後整理作業的改革改善也很重要。整理、整頓、專用台車、消除搬運的浪費和設置換模換線專人是其要點。

換模換線時間的縮短需要設定目標，如以換模換線時間減半、單位分鐘內（10 分鐘以內）換模換線、一按鍵（1 分鐘內）換模換線等為目標。

作為縮短換模換線時間的一般方法，從以下角度來考慮的話，會取得很大成效。

①工具種類多的情況下，應予以標準化，減少一些種類。

②換模換線的工具、開關等放到手易夠得到的地方，並用顏色來區分治工具、螺栓等。

③將固定模具或治工具的螺栓改作夾或按鍵，同理，管線和配管也要改作按鍵。

④1～2 人並列作業。

⑤預先設定位置，廢除調整作業。

⑥納入改善的換模換線必須標準化，並不斷改善來縮短時間。

⑦成立換模換線的專門團隊，讓其從事所有生產線換模換線的事前準備工作（例如預熱等），實際進行換模換線的時候，配合作業人員進行。

2 零換模換線的快速化

要推行機械加工生產線的零換模換線，首先要徹底拋棄現有的大批量生產方式，接著實施零換模換線的「三個徹——徹頭、徹底、徹尾」，最後與組裝生產線一樣是使用專用加工生產線和混流加工生產線。

專用機械加工生產線最重要的是使用小型化專用設備，企業自製不僅價格便宜而且更有利於推行零換模換線。

接下來，換模換線快速化是指徹底實施一按鍵(1 分鐘內)換模換線或在一個節拍內換模換線。

如果不能實施零換模換線，退而求其次的是「一按鍵(1 分鐘內)換模換線」，就是作業時只按一次鍵就能連續作業的換模換線，或者是在一個節拍時間內換模換線。一按鍵(1 分鐘內)換模換線的關鍵是將「換模換線的五項常規做法」盡可能地做到「零」的程度，稱之為一按鍵(1 分鐘內)換模換線的「五個零」。

大多數時候，換模換線作業改革使用錄影帶按如圖 14-2-1 所示的順序進行 VTR 分析，透過分析可以給出一個實施一按鍵換模換線「五個零」的指南。關鍵是要將事先錄製的換模換線錄影帶反覆觀看五遍，正是在反覆觀看五遍的過程中得到啟示。一按鍵換模換線的「五個零」的實施步驟：

圖 14-2-1 換模換線作業改革 VTR 分析的步驟

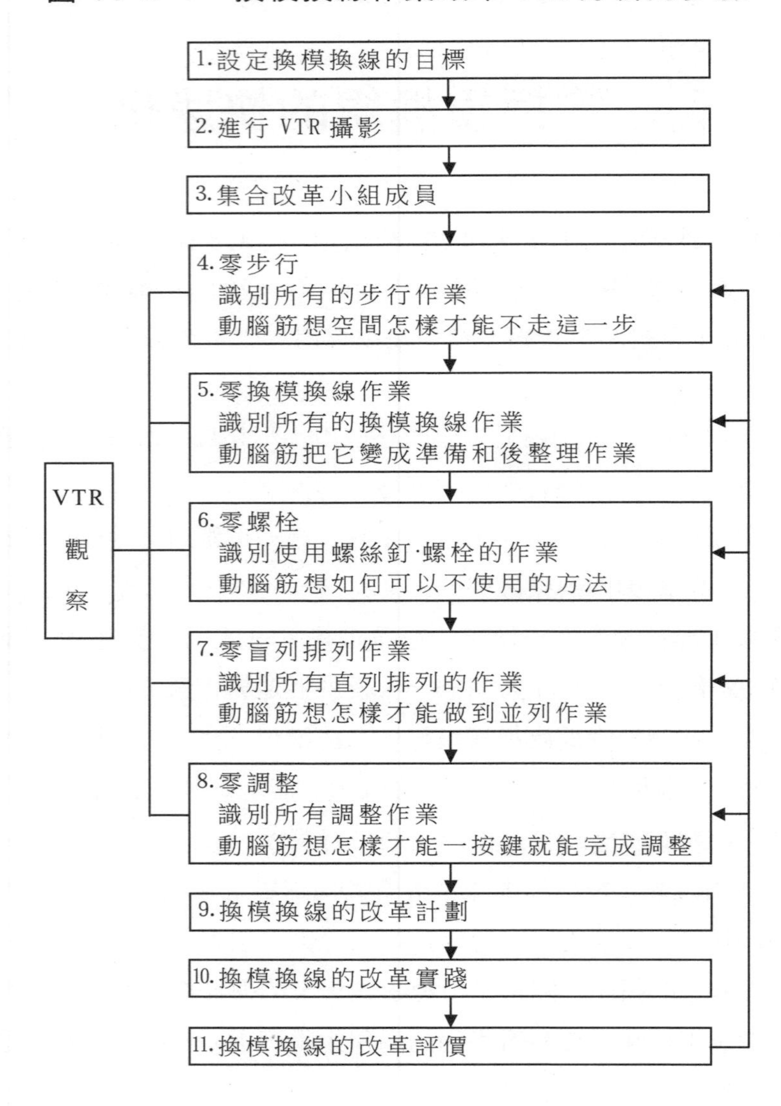

1. 設定換模換線的目標。

不管什麼機器設備，換模換線的時間目標最低是在一個節拍以內完成。假設 200 噸的衝壓機器應該是 1 分鐘不到，200 噸以上的機器設備是 3 分鐘不到。

2. 進行 VTR 攝影。

在進行 VTR 拍攝時，重要的是必須在畫面當中記入時間。還有就是在換模換線的中心位置進行定點攝影，沒有必要追著換模作業人員攝影。

3. 集合改革小組成員。

在攝影完畢觀看攝影時，小組成員自然要參加，實際進行換模換線的作業人員也必須參加。

4. 零步行。

根據一按鍵換模換線的「五個零」，有必要至少觀看錄影帶 5 次，第一次關注零步行，不管怎樣作業人員只要動一步，就把它作為問題提出來，再直接問作業人員「這一步做了什麼」，大家一起動腦筋想究竟怎樣才能不走這一步。

5. 零換模換線作業。

接下來是零換模換線作業。首先將所有換模換線作業作為問題提出來。接著觀察 VTR，全體人員都考慮如何把它變成準備和後整理作業。

6. 零螺栓。

第三次關注零螺絲釘和螺栓。不論怎樣把所有螺絲釘和螺栓相關作業作為問題提出來。針對這些問題問「為什麼使用這個螺絲釘和螺栓？」直到明白為止。全體人員都考慮如何可以不使用的方法。

7.零直列排列作業。

第四次關注零直列排列作業。將所有直列排列的作業識別出來，首先考慮究竟怎樣才能做到一個人並列作業。這時作為提示可以考慮左右同時夾緊。

像這樣一個人的並列作業不能實現時，可以考慮兩人並列作業。這時就有必要制訂以現場員工為對象的換模換線多能工培訓以及日常的換模換線計劃。

8.零調整。

最後關注的是零調整。將一切調整作業識別出來。針對這些問題問「為什麼要調整」直到問題明確。考慮出不調整就能完成的方法。這時候常規做法的「基準就是不動」就是解決的提示。

9.換模換線的改革計劃。

5 次觀察錄影帶和針對五個零考慮的改革方法完成之後，針對這些方法排列優先順序，針對每個改革項目決定 3 個問題(什麼時候、誰、做什麼)，在此基礎之上做成換模換線的改革計劃。

10.換模換線的實踐。

根據上面的計劃進行改革。這個階段改革的行動方針是「三個現(現場、現實、現物)，三個即(即時、即座、即應)，三個徹(徹頭、徹底、徹尾)」，在行動就是對的。尤其「在行動就是對的」時，最為重要的是按改革計劃完成。

有必要評價日常的換模換線實踐。所有改革項目的完成的評價更重要。與當初設定的目標進行比較，結果的好壞是否符合預期效果。

目標達成的時候，設定下一輪的目標，進行更加深入的改革。

但目標未達成時，在那裏沒有達成就從那裏開始重來，考慮新的行動計劃，以三個徹為行動方針再挑戰。要改革和改善，像這樣的執著是必不可少的。

3 生產線零切換和切換快速化

要推行組裝生產線的零切換，首先要徹底拋棄現有的大批量生產方式，其次是實施零切換的「三個徹（徹頭、徹底、徹尾）」，再其次是建設專用生產線和混流生產線。切換快速化就是推行一按鍵切換或者週期作業時間內切換。組裝生產線的零切換和切換快速化步驟如下。

⑴建設專用組裝生產線。

組裝生產線零切換最佳的方法是使用專用生產線。這裏不是指將所有的品種都使用專用生產線進行生產，而是在進行 P-Q 分析之後，將生產數量特別大的品種使用專用生產線進行生產。

①電源線專用組裝生產線。

電源線專用裝配線生產線上看得到的白色圓弧形線最初為窗簾滑槽，這種圓弧形滑槽市面上是沒有的，是直線型滑槽買回來再折成 U 形。過去一邊切換一邊進行批量生產，生產週期(Lead Time)為 10 個工作日，線上庫存為 2 萬條。

使用專用 U 形生產線後，生產週期(Lead Time)縮短至 68 秒，線上庫存僅為各工位庫存 5 條。

②多品種 U 形組裝生產線。

改革前，輥軸式傳送帶組裝生產作業。

改革後，多品種 U 形生產線。

改革前，使用傳送帶生產，要用 6～10 個人，品種切換 1 天 4 次，1 次切換 30 分鐘，6 個人的工時為 720 分鐘。

改革後，透過 P-Q 分析決定將 3 個品種使用專用生產線組裝。之前使用的近 10 米的傳送帶在建設專用生產線時僅用了 2 米，零件和治工具定時固定配置。將這樣的專用生產線並行排列，1 條、2 條、3 條線各固定生產一個品種。

透過每天的生產數量來決定節拍作業步驟，不一定生產 3 個品種，生產 1 個或 2 個品種也可以。再者，根據生產數量的多少來安排 1 個人、2 個人或 3 個人，這也使彈性作業人員配置成為可能。

改革成效首先是零切換，每天 720 分鐘的切換時間變為零了。不僅如此，由於生產線短而且零件或治工具固定配置，3 個品種組裝的工時數由原來的 59 分鐘減少到 29 分鐘，產能提高了 180%。

(2)建設混流組裝生產線。

混流組裝生產線是指一條生產線可以小批量地生產多個品種的產品。要將該混流組裝生產線生產的所有品種和當天的生產量徹底地平均化後生產。

改革前，10 片 PCB 板並列，按先後順序插入零件進行批量生產。1 天切換 10 個品種，花費 5 個人，每個人 10 分鐘的切換時間，總的切換工時數為每天 500 分鐘。

改革後，實現 1 人從事多個工序的兩手插件的完全混流生產。

這樣原來 5 個人的作業只需要 3 個人了，切換沒有了，切換浪費的 500 分鐘也變為零了。

心得欄 ------------------------------------

第十五章

豐田生產線的物流革新

1 豐田的物流條件

工廠和客戶、零件供應商之閃由定時物流卡車連接，工廠內部各工序由連接外部定時物流卡車的豉豆蟲(搬運者)來連接。

為此，需要在地圖上確認零件供應商、客戶的位置，瞭解物品運輸的線路、貨物量、載重率、運輸次數等現狀，在此基礎上設定連接供應商、客戶的定時物流卡車。

要設定各定時物流卡車定時運行(按一定的時間間隔，例如最少每天一次)的線路。在設定線路時儘量縮短和簡化運行線路。力求混裝以便不降低裝載率的同時，縮短其運行週期，適當增加運行次數。

豐田生產方式的物品搬運分為「定時不定量」、「定量不定時」、

「定時定量」三種。在起始階段，先從「定時不定量」開始，在連續流動比較順暢的時候，再實施「定時定量」。

在導入豐田生產方式時不需要另設定時物流卡車，之前的物流一般搬運無規律而且頻繁，只需改善運行線路和運行時間間隔即可。

應關注的是讓定時物流卡車按規定的時間發出，工廠內外不斷改善，以使載重量一定。物品在整個物流過程不停滯，使整個物流過程同步化。

在這樣的改善過程中，定時物流卡車連接各個站點，具有協調各個站點而使之成為連續流動的「大河」的重要功能。還有縮短運輸時間間隔在切實同步化方面非常重要。所以，這些定時物流卡車有必要連接幾個站點巡迴混載運行。

當然定時物流卡車大小、適當的包裝箱或託盤、儘量縮短看板停留的時間也很重要。

豐田生產方式物的改革，就要把物品移動的整個過程貫通，使之成為連續地流動。物品的連續流動改善按企業內部、企業外部相關方分別進行比較方便。

2 如何改進豐田的內部物流

1. 構建正確的內部物流網路

從外部引入的物流與企業內部搬運銜接構成一個物流網。整個物流網同步流動，其流動的週期由構成企業內部物流一部份的加工工序或裝配工序的週期生產時間(Cycle Time)決定。因此構建企業內部正確的物流是導入豐田生產方式的主要改善項目之一。

構建正確的內部物流網路，首先決定工廠物品的出入口，其次是設置與出入口連接的物流線路和店(或庫)，按物品連續流動的順序(即工序行進的先後順序)調整工廠內部的加工工序或組裝工序的佈局使其流動最短。重新佈局後的各工廠之間和各工廠內的工序或組裝線之間，由按事先決定好的線路在一定的時間間隔巡廻地搬運零件等物品的豉豆蟲(搬運者)來連接，工序內或組裝線內作業人員用手或用自動傳送裝置連接。

負責企業外部物流的定時物流卡車和工廠內的豉豆蟲(搬運者)，透過在企業裝卸車場附近設置的進料倉庫(或備料場)將兩者的物流連接起來。

進料倉庫(或備料場)裏存放的物品數量的確定要以平均化生產為前提，先確定定時物流卡車日常一個運行週期內必要的搬運量，存放的物品數量通常以定時物流卡車載重量的 120%～150%比較妥當。存放的物品由工廠內的豉豆蟲配合定時物流卡車勤快地搬運。

像這樣在構建整個物流網的路線時，物品流動線路要採取視覺化方式要一目了然，這是豐田生產方式導入的重要的一步。

定時物流卡車和工廠內豉豆蟲的運作，不僅僅是物品搬運，而且還是支撐連續流動的非常重要的要素。

以此為中心在構建連續流動的物流網路時，由大流動到小流動為目標方向不斷重覆改善。在此基礎上徹底實施一個流動生產或平均化生產，這種流動的精度就會不斷提高，物品流動的整個網路要構成一個系統後企業內部物流改善才算完成。

2. 各種店、庫、場的設置

店的設置在整個物流網的重要站點，在連接各區間物流的同時，還具有代替生產管理部門向相鄰前工序發出生產指令的重要功能。店裏物品的移動透過「4 種裝置和 4 種規則」向相鄰前工序發出生產指令。所以，店以連續流動的各個區間段為單位來設置比較好。例如，有幾個工廠的話，一般是設置在工廠的出口處。

為了店裏的物品被後工序的工廠領取後不致斷貨，前工序進行生產來補給減少的部份。貨店不僅連接物流和發出生產指令，也使補充庫存的後補充生產成為可能・這時候因為已開始出貨，其前各工序的生產已經完成，物品的生產週期(Lead Time)被大幅度縮短。這樣出貨的管理比從前相對容易許多。

實現了平均化生產後，店的庫存量和空間大小就大體上由流動生產過程中的成品或零件決定了，其管理也透過看板進行。為了應對後工序無規律地領取，還要必須維持一定量的庫存，以吸收來自企業外部的領取或銷售的變動。

3. 內部搬運

連接企業工廠內部各工序的搬運原則上按事先決定的各零件的使用量實施定量不定時搬運。後工序在某零件使用到一定的時候向前工序領取已經使用的量，將其補充到庫存裏面。定量搬運時的搬運時間根據後工序使用量的變化而不同，這就叫做定量不定時搬運。定量在大多數情況下是指一個包裝箱的產品(即一枚看板規定的量)，為了提高搬運效率使用台車時就是一個台車的量。定量不定時搬運時間間隔，在豐田大件零件 10～15 分鐘的情況比較多，小的零件也有 1 個小時以上的，但更多的是 20～40 分鐘。

定量搬運時的搬運時間是變化的。為了能對大多數零件進行恰當地搬運，工序間的跂豆蟲(搬運者)又以什麼方法知道這個時間呢？有傳呼方式和巡廻方式兩種搬運指示方式。

⑴傳呼方式

在跂豆蟲負責範圍的中央附近設置一個 ANDON 集中管理盤，該盤顯示應該搬運的零件種類。各工序作業人員發現使用的某種零件較少時就按下生產線邊的搬運指示按鈕，相關零件 ANDON 集中管理盤就會點亮，工序間的跂豆蟲就會按點亮等的順序從前工序把所需的零件搬運到後工序請求的位置，然後再回到 ANDON 集中管理盤將燈熄滅。

⑵巡廻方式

搬運的範圍狹小但視野較好。跂豆蟲在負責的範圍內巡廻，發現需要零件就去搬運的一種方法。為了讓跂豆蟲更容易發現，需要安裝 ANDON，這樣即使在一個較遠的位置也很容易發現需要搬運的地方。

3 改進豐田的外部物流

企業和外部相關方的物流最重要的課題是搬運的效率問題。工廠和外部相關方的物流也是定量不定時。

整個物流網的設計是以企業為中心建設連接客戶和供應商的物流網。首先設定固定時間、運行線路，縮短和簡化運行線路，而且定時物流卡車的運輸由混載向多次運行推進。

企業和客戶間的產品物流、企業和供應商之間的零件物流具有上述那些共同點之外，又按其功能各自構成不同的物流網。

1. 產品物流

產品物流一般的目的是把企業生產的產品運輸到客戶處。在豐田生產方式中，在運輸產品的同時，還具有向企業內部傳達產品銷售狀況的功能。因而運輸產品的路線和運行方式不同於傳統的生產方式。

通常比較普遍的是將生產出來的產品先搬進成品倉庫，再按銷售的情況出貨。然而在豐田生產方式中，不經過這樣的中繼站，設定直接連接企業到銷售店或到客戶的路線。換句話說要優先考慮運行線路短而簡化，這也是一個重要的改善課題。

不經過這樣的中繼站，產品直接出貨給客戶的第一個難點是，不能指望客戶方面有保存產品的空間或者管理人員。

因此，為了解決這個問題，常常維持一定量的庫存以不致使客戶所需要的產品用完，如果每天運送 1 次的話，那產品物流卡車就只是補充客戶用掉的部份。這樣做的話，滯留在客戶處的產品數量應該足夠客戶每天消耗的量·這個量和先前客戶庫存量相比較能消減一半而且也不用去管理。

這個量受客戶工廠生產方式的左右。例如，在實施平均化生產的豐田內部的工廠裏。通常最大的量是 1.2 次運送的量。

像這樣直接連接客戶的定期物流卡車，因為直接連接的工廠，工廠就有必要按客戶進貨的順序生產，這在過去是不敢想像的。

實際上，設定物流卡車吋要能夠將工廠設置的店和客戶設置的店之間連接起來。因此為了更加緊密連接雙方的店，物流卡車的運行頻次必然是多頻次的。為了維持一定的裝載量有必要將幾個客戶連接起來混載裝運不同的產品以提高運載效率。

各頻次的物流卡車在巡廻路線內補充客戶產品的同時收集那裏的看板，使用這些看板將工廠相同產品領取走並補充到客戶那裏。

工廠根據物流卡車運行的情況，看到店內減少的狀況，開動生產線生產予以補充。直接支援產品物流的定期物流卡車不僅搬運產品而且還擔負著向下廠內部傳達客戶需要的重要信息的功能。

產品物流為了履行這樣重要的功能，除了保證專用卡車、設定運行線路等通常物流所要考慮的事項之外，豐田生產方式特有的看板、店、包裝方式等的完善也是必不可少的。

2.資材物流

在工廠裏準時備齊所需的各種資材要花費非常多的勞力。通常每月將備齊的資材保管在倉庫裏，根據生產計劃排程在生產的前一天出庫到生產線。

然而，豐田生產方式，資材不經過資材倉庫，直接由定時物流卡車從資材供應商那裏運到生產線旁邊。原則是定量不定時，多頻次是必須條件。

同產品物流一樣在建設資材物流網時透過在生產線旁邊和供應商處設置貨店，其間由物和看板連接，僅僅從供應商那裏領取生產線所使用的資材。

定時物流卡車車輛的選用和線路的設定以每天多頻次為目標，選擇巡迴路上的站點，並綜合考慮和其他卡車的銜接。如果不需要去追著資材的出貨，僅僅為了維持資材物流不間斷的話，資材的定購以 3 日內為佳。所以也可以按這個作為標準來決定頻次和路線。

過去選擇供應商大多數時候只考慮報價上的優勢，不考慮供應商生產週期(Lead Time)的情況比較多。因而在決定物流卡車運行線路的時候，距離太遠的還有不常採購的供應商必然要整合，通常要消減 1/3 的供應商。

工廠從供應商處取貨是多頻次的，每次就要從供應商那裏領取當天所使用的量。因為這樣做與過去養成的習慣截然不同，容易引起很多問題和誤解。常常會碰到「因為已經發出看板，所以馬上把物品拿來」等類似的情況。

豐田生產方式實際的運作是發出看板，透過看板來調集資材。但是，要透過很大努力才能創造出使之成為可能的條件。完善連接供應商的物流或不超量而定量領取，這些與在工廠內部實施平均化生產一樣困難。

透過不斷改善資材物流，旨在創造這樣的條件。最終，各供應商工廠都改善成為豐田生產方式，借物流卡車將雙方的生產工廠連接起來共同發展。

在豐田集團內部豐田和各供應商的關係就是這樣，透過平均化的物流卡車連接，這是奠定各個供應商堅實經營基礎的重要支柱。

但是在開始導入豐田生產方式的一段時間，作為臨時措施，先與過去一樣以一個月為單位汀貨或進行驗收。將其保管在各個供應商處，由設定的定期物流卡

車去供應商那裏領取每天必需的量，這樣也可以。這樣一來，企業內部各個地方堆積的資材就能夠消失，資材的流動就看得見了。再者這也沒有增加供應商任何負擔，也方便企業內部人員熟悉看板的運作。

資材物流擔負著在企業與供應商之間建立物品連續流動、根據企業內生產線運轉的情況自動地彙集資材的功能。從建設物流開始，朝著建設正確的物流的方向邁進，隨著整個改善的推進，資材物流的可靠性就更加高。

資材物流的具體方法是「定時、多次、按生產順序、混載、直接到生產線」。

 如何改善企業的搬運效率

1. 內部搬運的效率化

⑴縮短搬運距離或不搬運

在工序流動化的設備佈局改善過程中，縮短工序間距、壓縮及合併工序，這樣就可以縮短搬運距離或不搬運。

⑵設計包裝箱的形狀和包裝數量

搬運形狀複雜的零件在很大程度上是在搬運空氣，為了不讓這種情況出現，有必要設計適宜的包裝箱。由於領取是以箱為單位進行的，箱內裝的物品越多，領取的次數就越少。所以，箱內裝的物品不要太多，例如裝的數量應以每天必需量的 10%以下最好。企業和外部相關方的搬運將各種各樣的零件混裝，使用能夠混裝的零件箱或託盤也是相當重要的。

⑶裝卸效率化

為了使企業內部搬運更加具有效率使用台車的情況比較多。台車裝卸產品容易得多，直接把零件或產品裝到台車上，裝車完成或生產完成，由豉豆蟲用牽引車運到後工序，後工序直接從台車上取下使用，這樣裝卸的作業都給省去了。裝有零件或產品的包裝箱由於太重需要使用堆高車，放置零件的貨架和台車如果都給安裝上滾軸的話，甚至連堆高車都可以不要了。

⑷設置適宜的零件放置場所

適宜的零件放置場所的設置應該是要考慮搬運的，要生產和搬運一體化。零件放置場所、零件台架的標示也應該大小適中、醒目易懂、不容易混淆。

2. 外部的物流改善

企業和外部相關方物流的改善有必要從瞭解掌握現狀開始，還有就是要建立一種使問題暴露的機制。

⑴物流網路圖的繪製

要瞭解掌握物流的現狀並不容易。首先要把客戶和供應商的所在位置、線路、運輸量、裝載率、運輸次數等在物流網路圖上記入並繪製出物流網路圖。繪製出物流網路圖後，物流的現狀就一目了然。針對發現的一個個問題，就怎樣改善運用腦力激盪的方法收集意見。例如，現在的裝載率比較低，就可以考慮進一步混裝來提高裝載率的線路。如果運輸次數較少，就可以考慮和另外的供應商混裝，這樣透過混裝來增加巡迴的次數。

由於運輸量和生產產品的品種變化很大，所以有必要每月對物流網路圖進行評審並及時更新。

⑵運輸方法的變更應儘早聯絡

當認為物流網路圖或實際的運輸量到裝載率都不好的時候，要能夠迅速地進行對應，這一點很重要。下個月的生產計劃編制完成和發行後發現有問題，由於物流的更改以及更改的週期很長，從下個月開始就能變更的情況實際上不多。應當建立一種機制，使變更更早更容易進行。

⑶縮短看板在物流網路上滯留的時間

即使把領取看板發到供應商工廠，但是下一台定時物流卡車就能運走看板指名的零件的情況其實不是很多的。看板延遲的係數較大，在供應商處滯留的情況較多，所以有必要縮短看板在物流網路上滯留的時間。尤其是當企業是兩班生產，而供應商是一個班次進行生產。在這種情況下，更是有必要下工夫來縮短看板滯留的時間。

⑷將問題視覺化

企業和外部相關方物流的課題有定時物流卡車的大小、運輸次數、進料週期、裝載率是否適當等。尤其是日常實際的裝載率不一定能夠準確瞭解掌握的情況比較多，有必要建立一種機制來瞭解掌握裝載率。例如，交易合約規定進料的物流費是由企業承擔的話，企業又將物流委託給第三方的物流公司，這时就有必要和第三方的物流公司就運輸數量決定的運輸費用簽訂合約，必須瞭解掌握運輸數量。這樣裝載率的問題點就更容易被發現。

⑸要使用合適的包裝箱和託盤

企業和外部相關方的搬運將各種各樣的零件堆摞混裝，使用能夠堆摞混裝的零件箱或託盤也是相當重要的。

零件或產品形狀各異，不能夠使用標準包裝箱的時候，尤其是碰到形狀不利於搬運的物品就有必要下工夫解決這個問題。例如要搬運一種工字形的物品，如果裝載到託盤上，絕大部份都是空氣，這不利於搬運，就有必要把它拆卸成兩件，運回企業再行組裝。

5 物流的看板管理

1. 物流業的抗議

使豐田大吃一驚，那是卡車貨運業者，對看板管理提出了疑問。

1984 年初，靜岡縣卡車協會發表了「希望貨主縮小最近不停增加的『看板管理』」的聲明。聲明中雖然沒有明白地指責豐田，但豐田的「看板管理」就代表著「少量、高頻度及定時的快速運輸」，而這種運輸不僅導致卡車業者成本的增加，也使得交通事故的發生頻率高居不下。

卡車貨運業者，在日本總共有三萬四千家，這些業者以各都道府縣(日本的行政區名稱，如東京都，北海道，大阪府，靜岡縣之類)為中心，企業橫向聯絡的卡車協會，而全國性的企業則有全日本卡車協會。這一次靜岡縣卡車協會是針對像豐田之類的貨主，希望他們能在作業地點設置保管倉庫，以避免「看板管理」所引起的問題。

看板管理為什麼會對運輸業者的成本造成問題呢？

這是因為從前 5 個合計 10 公斤的東西，一天運一次，但現在卻變成一天運 3 次、甚至 5 次，而每次的重量只不過 2～3 公斤。對運輸業者而言，運輸次數增加 2 至 4 倍，相對的成本也就增加了這麼多倍。

如果運費也隨之提高 2 倍以上，就不成問題了，但是零件工廠與豐田之間的契約，是以一個月的總交貨量，而不是以交貨次數來訂定價錢的，其結果就是卡車業者吃了很大的虧。

因此，卡車業者終於叛亂了，他們大聲呼籲把看板管理廢止或縮小。

2. 豐田公司的物流回應

對於這次事件，豐田的想法又是如何呢？

「如果單從一處(零件工廠)將零件運到另一處(汽車工廠)，其運輸頻度會變成三倍，如果運費不變，就會造成問題。但是，如果將零件的收貨處改為五處，而只須交貨到二處(汽車工廠)，成本就可降低，運費也就便宜下來了。看板管理是實施平準化生產方式，在一個月前就指定交貨數量，所以在運輸方面做好事前準備，應該是毫無問題的。」

這就是豐田的想法。而實際上，豐田也根據這個想法進行了運輸的合理化。圖 15-5-1 是豐田從前的運輸方式，而圖 15-5-2 是豐田看板管理對運輸的想法。

如圖 15-5-2 所示，由卡車有計劃地巡迴零件工廠，再以兩輛卡車將零件送到 A、B 兩家豐田工廠，這樣就可以簡化卡車的運輸系統，而使成本降低了許多。

但是，A、B 兩家工廠的「正好及時」又是一個問題。如果 a、b、c、三家零件工廠交貨到 A 廠的指定時間是一樣的，那麼圖 15-5-2 的運輸方式可以成立。然而各零件的交貨時間大都是不同的，因此圖 11 的運輸方式就無法適用，而必須又回到圖 15-5-1 的方式了。

為了解決這個問題，圖 15-5-3 的運輸方式就應運而生。這也就是物流的新看板管理。

圖 15-5-1 豐田從前的運輸方式

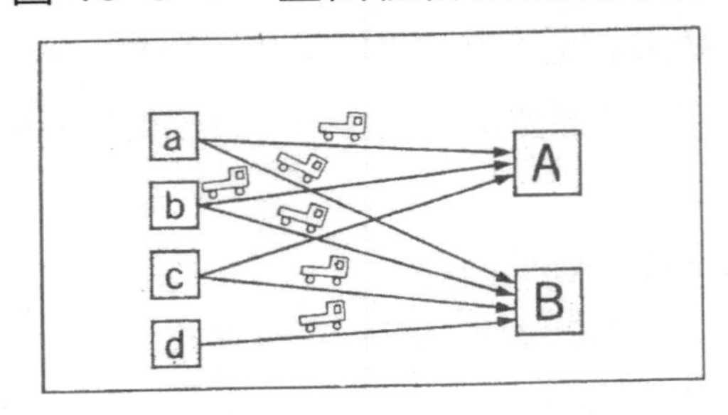

圖 15-5-2 豐田看板管理對運輸的想法

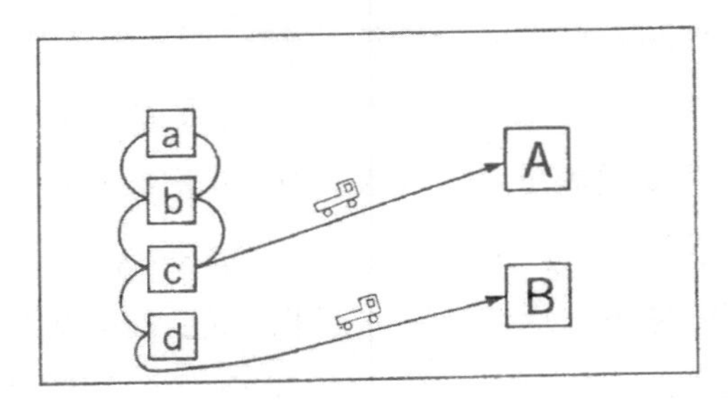

圖 15-5-3 豐田物流的新看板管理

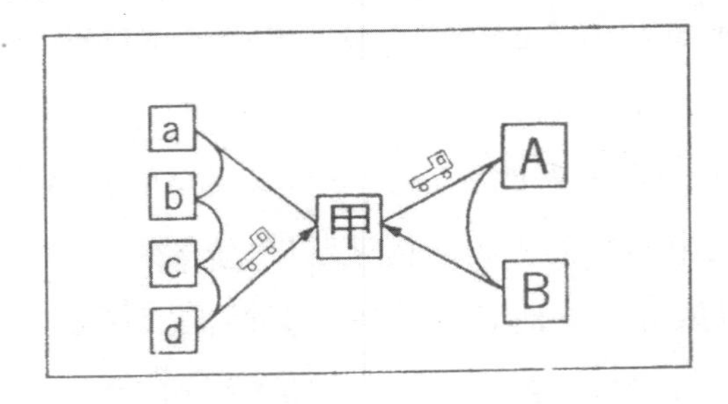

這種物流的新看板管理，是因為豐田的零件工廠擴大到關東地區所引起的。

例如，刈谷通運(總公司在刈谷市，總經理是竹本千里)根據豐田的看板，到關東各零件廠商處收貨，然後暫時存放在刈穀自己的倉庫中，再依照時間表將貨及時送到豐田工廠，這就是物流的新看板管理。

就如眾所週知的，豐田的看板管理一向標榜「零庫存」，而卡車業者卻有庫存在手，這樣看來，卡車業者本身就無法實施他們自己的看板管理了。

不過，卡車業者代替豐田保管庫存，使豐田可以做到「零庫存」，並使整個社會的總庫存量減少，就這個意義來看，無異也是一種「新看板管理」。

3.新看板管理的流通制度

新看板管理肩負兩個任務，它不但負有生產管理的責任，且負有改善流通制度的責任。換言之，新看板管理的目標，就是要讓整個企業的流程都順暢。

以往，消費商品(包括汽車、衣服、食品及各項日用品)都是由上游順流而下，並以「庫存」這個「水壩」來調節，然後才流到下游的消費者手中。必須有庫存(水壩)，是因為供給與需求之間，會有時間與空間的差距，所以需要庫存來緩衝。

這種商品的流程為：

①原材料庫存→②協力廠庫存→③生產零件庫存→④生產商品庫存(工廠)→⑤輸送據點庫存→⑥營業據點庫存→⑦大批發商庫存→⑧中小批發商庫存→⑨零售店庫存。

總之，過去是在各階段存放著一些庫存，然後逐漸流向消費者。而各階段的庫存量，是根據以往的銷售實績，由各階段自行決定，也就是說，由各階段依「獨立需求方式」來決定。這個時候，各階段必然會對其需求量準備「安全庫存量」。例如，圖 15-5-4 中之⑤為製造廠的營業據點，營業人員對於顧客的訂貨，當然想儘快交貨，以表示服務週到，因此多餘的「庫存量」就有存在的必要。

這時，假定上游的「安全庫存量」為下游需求量的 20%，其流程就如圖 15-5-4 所示。

圖 15-5-4 獨立需求方式的流通體制

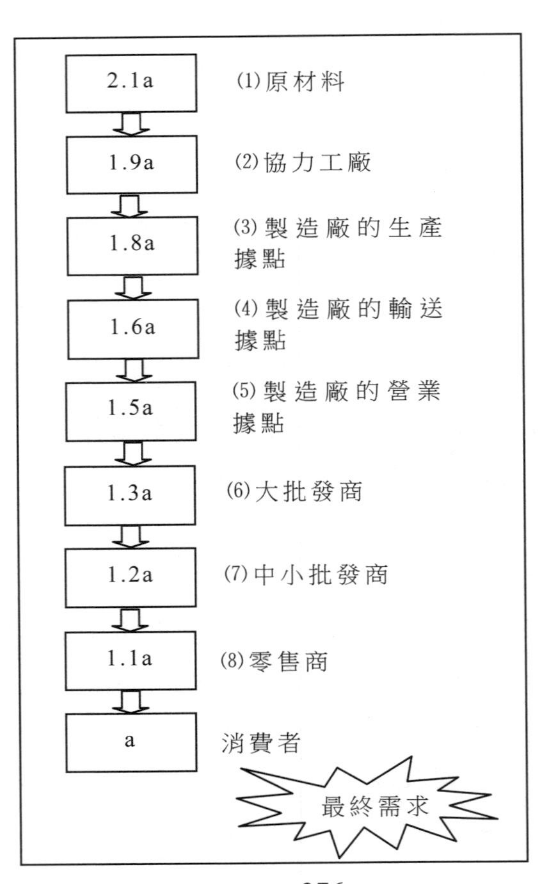

圖 15-5-5 新看板管理的流通體制

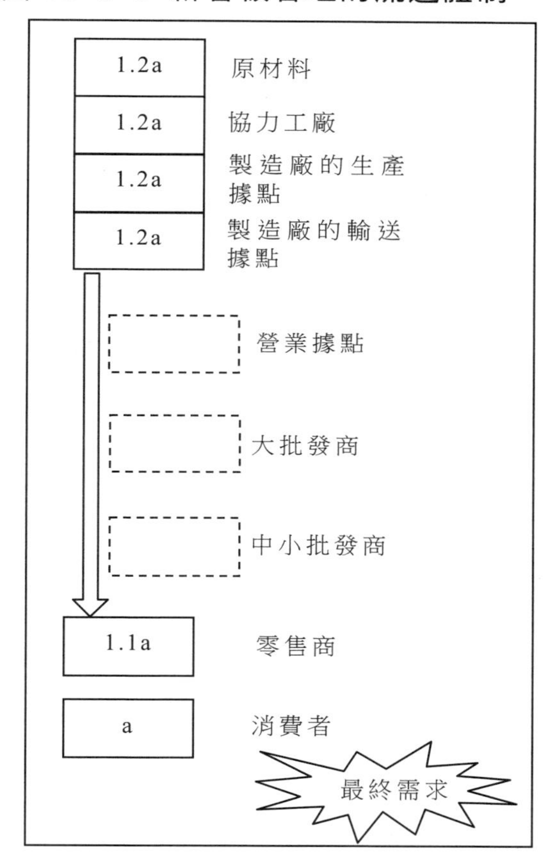

理論上，如果把最終需求量假定為 a，則流通階段的全部庫存量 A 應該是：

全部庫存量 A´

=a+1.1a+1.21a+1.33a+1.4641a+1.6105a+1.7716a+1.9487a+2.1436a=13.5795a

這就表示在商品的流通過程中，經常有最終需求量 a 十倍以上的流通庫存存在。當然這些庫存在經濟成長、需求持續增大時，遲早都能銷售出去。但是如果遇到景氣低迷，就可能變成「呆庫存」了。

在石油危機發生之後，經濟結構發生了變化，消費的型態也隨之改變。過去「只要生產就能賣出」的時代已經過去，所有商品都必須符合顧客的需要，才能以合理的價格銷售出去。換言之，以往那種大量生產、大量稍費的方式已經不能適用於現代了。為了因應這種變化，豐田特將「市場流通」列為新看板管理的一環。

「新看板管理」是配合消費者的需求，以「正好及時」方式生產、供給，因此「流通庫存」能降到最低程度。其概念如圖 15-5-5 所示。

按照前面的「獨立需求方式」，同樣的把最終需求量假定為 a，各階段的安全庫存量為下游階段需求量的 20%，則新看板管理全部庫存量 A 為：

全部庫存量 A=a+1.1a+1.2a+1.2a+1.2a+1.2a=6.9a

由於「新看板管理」之全部庫存量 A，幾乎為過去全部庫存量 A 的一半，因此「呆庫存」的危險性降低了許多，這是生產與銷售兩部門合作無間的一項例證。

4.因應市場需求的新看板管理

豐田試圖以「平準化」生產方式來因應市場需求的變動。（請參閱圖 15-5-6）。

圖 15-5-6　平準確化的構造

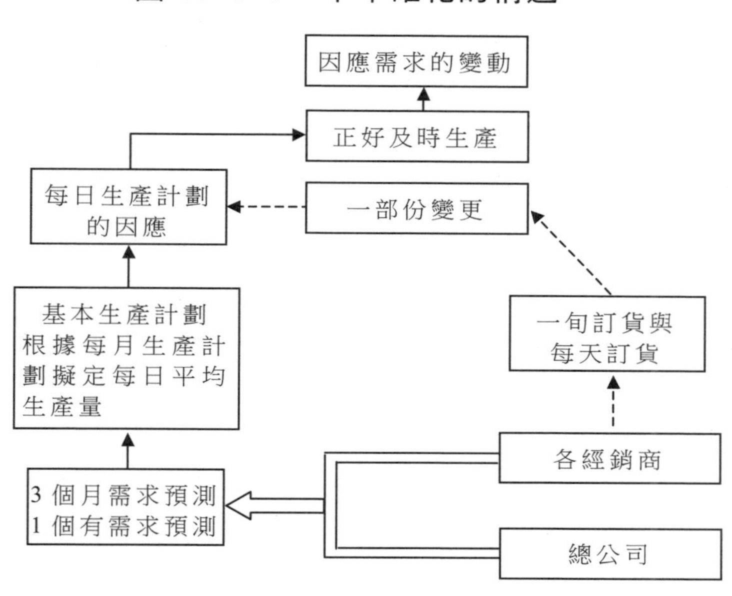

為了做到新看板管理之「及時生產」與「及時交貨」，豐田規定經銷商必須以暢銷的車種為中心，訂立三個月的需求預測(銷售目標)。然後根據該預測做更精確的一個月預測，並依此發出一旬(10 天)的訂貨單。至於不是大量銷售的車種及特殊規格的車種，則以每天的生產計劃來因應，平均四天就能夠完成生產。豐田利用平準化生產方式，在服務顧客的層面上收到很大的效果。因為經銷商有現貨，便能立即交車，而萬一沒有存貨時，也能在訂貨後 5 至 18 天內，就把汽車交給顧客，這種高水準服務，是其他競爭對手望塵莫及的。

執日本家電業牛耳的松下電器，在 1984 年 2 月設立了「綜合流通政策委員會」，開始研究企業的流通戰略。到了 1985 年 3 月，松下決定採用看板管理來達到產銷合一的目標。

在家電業界，大部份商品皆採取工廠→輸送據點（流通中心）→銷售公司→經銷商的流通路線。此外，季節性的商品則儲存在各據點，以配合需求出貨。因此其平均庫存都高達 2～3 個月。而松下電器因為市場佔有率居全國之冠，所以平均庫存量尚能壓低為 50 天左右。但是，家電製品的價位大都很高，如果將其存放在倉庫裏，其利息負擔相當驚人。這等於是將一年約 5 兆日圓銷售額的 1/7，即 7 千億日圓「死藏」在倉庫裏。

所以松下企業展開了「流通看板管理」，將「有銷路的商品在有銷路的時候，供應有銷路的數量到有銷路的地點」，藉此來降低庫存量。

松下實施流通看板管理的具體方法是將產品分為：①暢銷產品，②成套產品，③特殊產品。暢銷產品由銷售公司來庫存，成套產品由流通中心庫存，而特殊產品則由松下直接送交顧客。

如此一來，過去重覆放置在流通中心、銷售公司及經銷商的庫存不再存在，對於企業的營運有很大的幫助。

當然，豐田本身在實施產銷合一的「流通看板管理」時，更是獲益良多。在 1984 年曾有每天一萬輛汽車出廠的記錄。但豐田仍不以此為滿足，將會繼續不斷地研究出更新、更好的看板管理。

第十六章

豐田汽車的現場標準作業

1 標準化作業可減少人力

「改善的第一步在標準化」，沒有標準的地方不可能有改善。因此，只要進行均衡化生產，一直到末端的生產線為止，都能夠以相同的想法一直進行標準作業。這也是進行均衡化生產的最大目的之一。

標準作業伴隨著巨大的好處：

1. 流程穩定性

穩定性意味著可重覆性。我們需要在每一次生產過程中都達到生產率、品質、成本、交付期、安全以及環境目標。

2. 每一流程都要有明確的停止點和開始點

這些知識以及我們對節拍(takt)的認識(即我們的生產速度與

銷售速度趨於一致），使我們可以一眼就看清楚我們的生產狀況。是超前了還是落後了？有問題嗎？

3. 企業學習(organizational learning)

標準作業保護了技術秘訣和專門知識。如果一位資深員工離職，不會喪失去他或她的經驗。

4. 審核與解決問題(audit and problem solving)

標準作業使我們能夠評估現狀並找出問題。

標準作業透過確定流程中的價值和浪費來幫助我們提高效率。效率可以定義如下：

效率＝產出/人力

在豐田公司，因為產出是由顧客來確定的，所以我們提高效率的唯一辦法就是減少人力。解放出來的工人可以被重新分配。

針對一個流程改進前後的情況，圖顯示了一個名為操作員平衡圖(operator balance chart)的工具。改進是在深刻理解每一流程實際發生的情況的基礎上進行的。流程的改善活動將其週期時間從 134 秒減少到 82 秒。

圖 16-1-1　操作員平衡圖

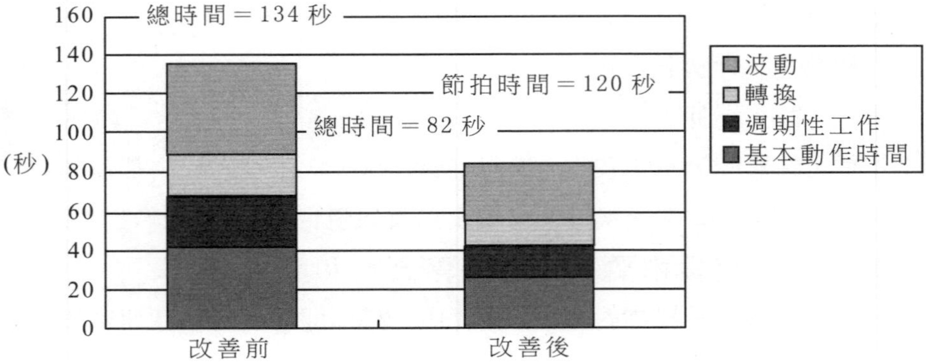

總時間＝134 秒
節拍時間＝120 秒
總時間＝82 秒
(秒)
160
140
120
100
80
60
40
20
0
改善前
改善後
波動
轉換
週期性工作
基本動作時間

圖 16-1-2　當前生產線平衡圖

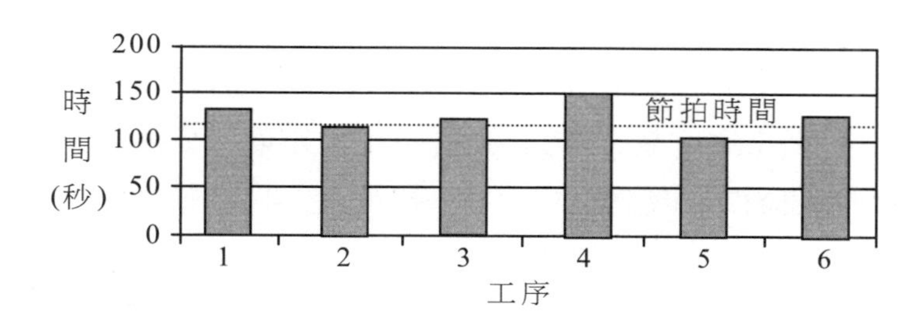

圖 16-1-3　改進後的生產線平衡圖

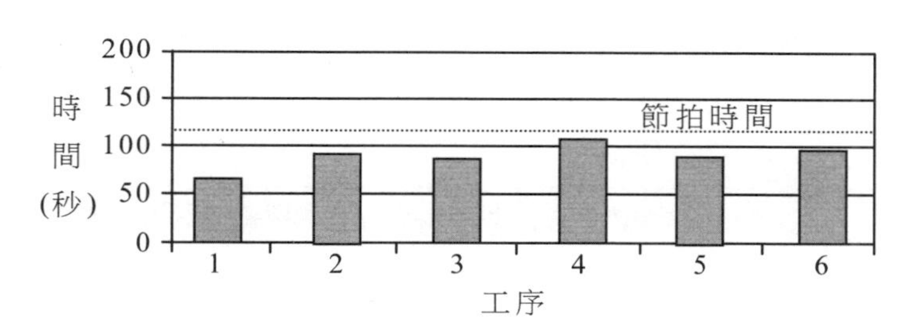

圖 16-1-4　重新平衡生產線

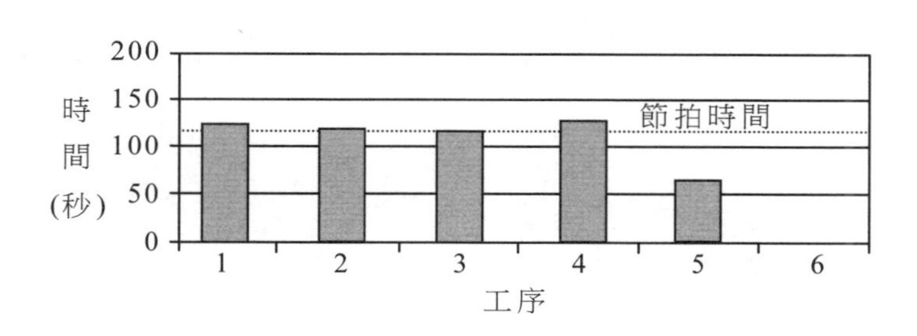

在豐田公司，由於重新平衡而失去當前工作的工人通常被調到改善小組。這種工作分配得到了高度讚揚，因為它們是深受歡迎的生產轉變，是獲得提拔的好方法，並且很有趣。因此，減少人力得到了肯定。

圖顯示了能夠如何重新分配工作以減少人力。正如你所看到的，我們已經取消了工序 6。注意，從週期時間等於節拍時間的角度看，工序 1 至工序 5 是「滿負荷的」。相比之下，工序 5 只利用了約 50%的節拍時間。我們將尋求進一步的改善以消除這一工序。在這一過程中，透過以這種方式進行的重新平衡，將等待浪費顯現出來並激勵員工進行改善。

表 16-1-1　決定每一個小組中操作員人數的指導方針

所需操作員數量計算備忘	指導方針/目標
＜0.3	不增加額外的操作員。進一步減少浪費和多餘的工作。
0.3～0.5	還不需要增加額外操作員。經過兩個早期的運行和改善，重新評估是否消除了足夠多的浪費和多餘的工作。
＞0.5	如果有必要，增加額外的操作員，並不斷減少浪費和多餘的工作，以最終消除對該操作者的需要。

2 標準作業和改善

標準作業的目的是改善。如果標準作業沒有改變，我們就是在倒退。生產現場主管的責任就是維持一個良好的狀態並不斷改進。有時候，改善的時機十分明顯。這些情況包括明顯的浪費，如重覆出現的缺陷、機器故障或過量在製品。工作超負荷和不均衡性也是明顯的改善目標。我們將在接下來的部份描述有助於我們找到改善機會的指導方針。

1. 動作經濟(economy of motion)指導方針

· 手部動作應該均勻並協調一致。
· 雙手的動作越簡潔越好。
· 較輕鬆的工作應該由雙手和前臂完成，而不要用整個上臂和肩部完成。
· 動作應該自由流暢。
· 工作應該在一個直徑 1 碼的「圈」內完成，並在工人的正前方。保持正確的身體姿勢。
· 盡可能保持雙手空閒。

2. 佈局和設備的指導方針

· 確定工具和原料的中心位置。
· 建立靈活的空間佈局，以適應產品需求量的變化和身高不同的操作者。

· 水平移動部件。避免垂直移動部件。
· 利用重力移動部件(如傾斜的零件架)。
· 便於放置工具和原料。
· 確保充足的照明。
· 使用顏色。
· 使用 U 型佈局，以使流程的起始點與結束點並排相鄰。

3. 工具和夾具的指導方針

· 設計開發夾具，以避免用手握住原料。
· 使用符合人機工效學的工具(如容易抓握的工具、鼓勵良好的手部/關節姿勢、最小化用力和振動)。
· 在可能的情況下，將工具結合起來(如使用 T 型扳手來替代管鉗和螺絲刀)。
· 如果可能，使用可以自動從使用點收回工具的平衡器。

心得欄 ------------------------------------

----

3 所謂更換程序的阻礙原因

在實施均衡化生產時，最容易成為瓶頸的是所謂的「更換程序」。通常更換程序都被認為是「吃掉」時間的東西。為什麼呢？壓倒性的原因是：缺少把更換程序加快的意識。最好的證據是，為了更換程序浪費 8 小時而面不改色，縱然還不到這種程度，為了更換程序而虛擲一小時被認為是天義地義的事。由此看來，均衡化生產與所謂的更換程序(更換工程段落)，可說處於正面對立的地位。使現場流動的單位數量儘量減小，可說是豐田生產方式的一種特徵，但是更換程序時間越長，單位數量越會變大。那是因為有人認為，使單位數量大，逢到更換程序時有損失才可以挽回，其實，如此做會產生製造過多的浪費。

如果針對著製品是應了顧客的訂制才製造的話，那麼，更換程序太多時，往往會抱怨顧客訂制時，何以不把它們歸為一類。由此可見，更換程序時間非縮短不可。

其實，縮短更換程序時間並非很困難的一件事。最主要的是，事前能夠準備的模型以及工具，必需先準備好，待更換程序以後，機械開動時再收取模型以及工具。(外部程序的徹匠)在更換程序時，集中於關掉機械後才能做的動作(內部程序的徹底)，只要如此，就可以大幅度的縮短時間。

如果必需使用道具的話，必需以更換程序的順序，隨著各個機械準備好。在這種場合裏，最容易被遺落者就是材料的籌備。因為都全神貫注於更換程序，而且，更換程序也確實快速了，可是材料卻沒有齊全。

這些準備與籌備，只要改善作業就可辦到，也可以憑現場的智慧與工夫解決。然後把這些程序標準化，並記載下來。接下來只要重覆的練習，就可以縮短時間。

這種訓練很像各公司的消防活動。在消防訓練方面，兩分鐘內就必需準備好放水似乎很容易，可是他們也必需嚴守程序，而且，幾名消防隊員在毫無浪費以及等待之下，分擔著作業。豐田由此得到啟示，逢到大型設備的更換程序時，都會由程序專門工編成程序班應付，在七、八年前，800 噸壓縮機更換程序得耗費 3 個小時，如今，則只要 3 分鐘就可以辦到了。

心得欄 ----------------------------------

藉改變想法縮短時間

據一般的分析，所謂更換程序的時間，準備方面佔 30%，安裝以及卸下佔 5%，決定尺寸佔 15%，調整以及試製佔 50%。

只要把關掉機械舉行的內部程序，以及不關掉機械舉行的外部程序明顯地整理，再儘量的把內部程序化為外部程序，再按照順序做下去就可以縮短時間。事實上，更換程序的最大妙處是在調整以及試製的時間。與其說調整所要的時間佔 50%，不如說佔總變更程序時間的 95%此較恰當。

花費了一番苦心，決定了尺寸，很順利的在加工，卻因為更換程序而得重新開始，或者裝置了錯誤的模型，決定尺寸、調整、試製時卻成了不良產品……想到此地就叫人洩氣。

因此，最好捨棄更換程序最耗費時間的想法，打破「更換程序」是如此如此的固定觀念。也就是說，不管更換程序幾次，只要能復原到本來的正確狀態就行了，最重要的是正確的形態能夠再度重現。

基於這種重現式的思考，所謂的更換程序者，也不過是「應該把能動的東西配合在不能動之物的某位置」罷了。只要這件事能牢牢實實的做好，根本就不必做調整之類的瑣碎事。

5 縮短更換程序的方式

下面就是豐田憑想法的改變，縮短更換程序的方式。

1.相同顏色的東西放置在一起

逢到更換程序時，必需安裝以及卸下的工具、螺絲釘，可憑顏色分開。如此就不致於弄錯，動作也會無形中加快，比較容易進行。

2.預先烘熱

精鑄機械的場合，可利用附屬保持爐的排熱預先烘熱，如此可縮短時間，也可以達到活用能源的目的。

3.壓縮機的型式

壓縮機有好多的型式，只要能統一型的高度就不必再調整活塞的距離。為此，可以使用機械靜上器，或者墊高，或者製造縱栓溝等，以免去調整。

4.不使用吊車

到 2.5 噸為止的模型，在取出與放入時，不要使用吊車。不妨在台車下工夫，以便用手推入或拉出。當然，在準備階段時，有時要使用吊車等工具。

5.補助工具的活用

把模型刀叉等直接裝在皮套以及拉鏈上是會浪費時間的。因此，在外部程序更換時就得預先把它們裝在補助工具，待內部程序更換時，即可裝在機械上面，如此就可以縮短時間。

6 縮短更換程序的核對表

製造部為縮短更換程序的時間而訂立的方針，可當成核對表作為參考。

· 縮短更換程序時間的目的

· 使作業輕鬆、簡單化，以及使管理容易化。

· 使作業安全。

· 使品質安定、標準化，並且使成本減低。

· 更換程序的次序

· 更換程序作業的次序是否被標準化？

· 作業內容是否有浪費、不均衡，以及不合理的地方。

· 真的懂必要的作業內容嗎？

· 要替換的模型、工具、器具等必要之物，是否在外部程序更換時就被準備好了呢？

· 必要的東西是否在雙手可及之處？

· 縮短改善更換程序的著眼點。

· 有沒有多餘的卸下零件呢？

· 適切的工具都備齊了嗎？

· 工具的種類有沒有減少？

· 為何需要調整呢？如何才能夠免去調整？

· 不能減免螺栓的使用嗎？

· 能不能 One touch 化？

· 交換零件好呢？還是交換螺絲好？

· 能夠把作業標準規格化嗎？

· 可否以工程變更，設計變更等的簡略化，更換程序的內容？

心得欄 --

第十七章

汽車業減低工時的技巧

有一位造訪豐田車身廠的美國通用汽車人員，看見動作迅速確實的日本作業員，不禁發問：「日本人怎麼會那樣勤奮地工作？」豐田車身廠的經理答覆說：「那是一種節奏。」

1 從「省人化」到「少人化」階段

從 1973 年的石油恐慌以後，汽車製造業界的汽車製造輛數已降到極限，可是自動化作業所減少的人數，遠比減產的汽車為少。正因為如此，「自動化也就是定員制的想法」就普遍的被人接受了。所謂的自動化，是在不使用人手之下移動東西，基於這種的想法，自動機械就大型化了。於是，人就做起了機械的補助作業。也就是說，無法以機械自動化的部份，就變成了人的作業，結果，自動機械的週圍就站著「監督」的人。

如此一來，生產的輛數跟人數就沒有什麼關係。不管汽車生產輛數的多寡，只要自動機械轉動的時間內，都得有一定的人員不可，所以，自動化也被稱為定員制。生產的汽車輛數減少的話，必需講究「少人化」的工夫才行。

少人化的第一步，在於看清所謂的自動化，打破「自動化等於定員制」。不要認為這一種作業能夠自動化才把它自動化，應該仔細考慮是否真的有自動化的需要。如果不斷努力實施作業改善的結果，仍然殘留 0.2 人工等半端工數的話，為了使它變成零起見，那就得考慮自動化了。

少人化的第二步驟是，因為所謂的自動機械規模龐大，以致配合它的人員作業區域離開得很遠，影響所及，作業員的工作量變成了中途半端。因此我們往往會認為：A 作業員所仿的工作是否能搬到 B 這邊呢？或者是否可以叫 C 做 B 的工作呢？也就是說，固定人的作業區域以及機械的作業區域，是跟實現少人化密不可分的事情。

2 改善的真正價值在品質

對製造工業來說，製造品質優良的貨品是最優先的大前提。不管數量方面再多，品質惡劣的話顧客就不會購買；不管成本多麼低，如果不能換成金錢的話，結果仍然會蒙受損失。尤其是汽車的製造安全性最受重視，如果以忙碌或者為了減低售價為藉口，推出差勁製品的話，不僅違反社會性，甚至可能會使購買者賠掉性命。

也就是說，確保品質為作業中第一優先要考慮到的事情，若基於某種理由而輕視這一點的話，將招致本末倒置的後果。

所謂的確保品質，到底是指什麼作業呢？以現在分業化的各工程來說，已經很少注意到作業員的直覺以及熟練的程度了。在一般被決定的作業條件中，實施標準作業即可確保品質。換言之，標準作業在被擬訂時就已經考慮到品質的確保了。如果做到這種地步，品質仍然會走樣的話，那就得使用目視的方式，或者使用測定儀器檢查，這也必需包含在標準作業裏面。

在這種了無一失的環境下仍然出現不良產品的話，不是不依照標準作業進行作業，就是機械設備，模型、工具等的故障造成的。關於前者的場合，我們必需自我反省。我們時常聽到「實施工數減低以後不良產品反而增加」或者「人減少太多，以致品質變壞」。有如前述，在豐田生產方式的想法裏，那是本末倒置，是絕對不能發生的事情。在現實所發生的問題，大致上有如下的兩種。

1. 認為單位時間中的工作增加，以致連非做不可的作業也省掉了，或者是忘掉了。也就是說，並非浪費的排除，而是偷工。

2. 在這以前，由於有工數餘裕之故，可以實拖中間存庫或者重新再做，以致品質不良不曾表面化，一旦工數減低就立刻表面化了。

第一種場合，時常可以在使用輸送帶的裝配作業看到，當作業緩慢產生問題而不曾停止生產線時，就會發生這種問題。在單位時間中，由於來不及而省掉作業的做法，是由於不能停下生產線的想法太強烈的緣故。監督者必需使作業員貫徹「即使停止生產線。也要把成品交給後工程部門才是最重要」的想法。遇到這種場合，不必拘泥於所謂的生產線速度以及週期時間。也就是說，必需養成「週期時間跟人數沒有關係」的想法。作業員如果不能在週期時間內完成自己的工作的話，那就在時間到時把生產線停止下來吧！如何把它放入週期時間裏面，那是完全不同的對策，是管理、監督者以及技術員的責任。

例如，某作業員從第二到第五工程為止需時 70 秒鐘，而週期時間只有 60 秒鐘的，那就要超過 10 秒鐘。遇到這種場合，作業員可以從事普通的作業，每 10 秒鐘停止生產線一次，製造品質良好的產品就行了。

省掉各工程的浪費，縮短步行距離，把普通 60 秒的作業改善為五工程，那是監督者以及技術員的工作。必需能夠做到這種地步才能夠使生產線的停止消失。不著手於作業工程的改善而想消除生產線停止的現象，品質當然會降低，豐田的生產方式一向嚴戒這一點。

第二種場合，是以本工程部門的人員修正前工程部門的不良製品，可是並沒有通知前工程部門，或者基於設計上的問題不適合，以致本土程部門不得不修正。由於在默默之中進行，真正的原因一直沒有公開，為了勉強支持工數，以致庫存品在無形中提高了成本。

工數減低使這些惡劣之點表面化，無異造成了改善的機會。監督者以及技術員應該把不良製品還給每一個關係部門，有時甚至必需到前工程部門，徹底追查原因，謀求根本的解決方策。這種做法很像使用開刀的方式除去盲腸似的，可以一勞永逸。

這種想法也可以用來解決前面所說的機械、設備以及模型、工具等所產生的不良產品。例如判斷及設備等的原因造成了不良產品，那就得立刻停止生產線，杜絕產生不良製品的原因。如果認為告知設備關係部門也無濟於事，而看手修理本工程部門的不良產品的話，此舉將在不知不覺間變成正規的工程。以後再發生類似的事情，更難請到他(設備關係部門)來動手了。所以，必需要等著他來修理，以便生產良好製品。

心得欄

3 減低工時做法

豐田對減低工時的做法，就是製造等待的時間，以便變更作業的配合。例如，6 名作業員決定好在三分鐘週期時間內製造一個東西，在這種情形之下，6 名作業員都會產生少許的等待時間。在這種情形之下，可以把 B 的工作分給 A 少許。再使 C 的工作在週期時間到時才能做完，如此依著順序把週期時間塞得滿滿的話，F 就沒有工作了，於是叫 F 退下來。

另外的例子顯示，A-E 的生產線中，E 對於一分鐘的週期時間即使只做了 25 秒的工作，5 個人所組成的生產線仍然沒有任何的變化。在這種場合之下，必需考慮全體的 A 到 E 的動作中，應如何做才能使 25 秒的浪費消失。例如把零件帶在身邊，改良工具使不必等待，把工具排好吊整齊，就以這類的作業改善減少 25 秒鐘，然後使 E 退出。

碰到無論如何騰不出 25 秒的場合，則不妨使用少許道具，使原來用手操作的事改為機械來做，如此騰出 25 秒鐘。這也就是從作業改善到設備改善的想法。

擁有數台機械的話，不妨把機械的按鈕倒反過來裝置。尤其是裝置按鈕的地方最為重要，在第一工程部門準備好作業，在走到第二工程部門途中安裝按鈕，一邊走一邊按，如此就可以消除多餘的作業。

 豐田的設計方法

在安排作業的配合中，往往會碰到設計的問題。什麼場合最叫人感到為難？最明顯的例子就是所謂的「遠離小島」。也就是一個工作部門遠離眾人，就算是作業員有時間也無法彼此協助。作業員被機械包圍的場合也無法彼此協助。豐田把這種情形叫做「籠中鳥」。遇到設備比較長的場合，時常會碰到入口及出口離開的設計。以輸送帶來說，放置材料及取下材料的地方分開，如此的話非分配兩名作業員不可。如果使輸送帶能夠繞回來，入口與出口設置於相同地方的話，有一個作業員就夠了。在設計時入口及出口應使之相同。

其實，輸送帶本身也有問題。有一些輸送帶專門用於輸送對象，以致設計方面顯得冗長。人員的配置也離得相當的遠，作業員之間自然就不可能彼此協助。遇到這種場合，豐田立刻會把輸送帶拆掉。與其在一條的輸送帶急快的流動東西，不如製造幾條複數的短輸送帶。

如果欲重新設計的場合，必需滿足貨品的流動、人的動作以及情報暢流的條件，不過最重要的是：是否能成為流動式的作業。基於這個意義，如果是圓削工程只收集圓削器的機能性設計是絕對要避免的。

為了在各工程中貫徹「合乎時機」的做法，該工程貨品的入口

與出口必需設置在相同的地方。如此放一個進去，就能夠出來一個。如此一來，工程內的攜帶道具就能夠確保一定的數目。

人員的作業區域能夠被鞏固起來。正如自動機械一般，只要在貨品的入口及出口配置作業員就足夠了，其他的部份則不必分配人員，使入口與出口在一起，人的作業區域就會被鞏固起來，自然就可從事效率良好的作業。

不必「空動」。只憑人力進行的加工工程，單是來回走路就會製造「空動」。

可依照工作量達到少人化的目的。欲使入口與出口在一起，一定要具體地設計成 U 字型或者圓形的排列。如此就可以免除「空動」，而且也可以依照工作量，在 U 字或其他字型的設計中增加人員，或者減少人員。

由以上各點，當可瞭解冗長式的工程設計實在很不理想。

有不少企業把控制單位設置於作業場當中，妨礙到人的活動。這種事情應該即刻的廢止。

別以為馬達有餘力，而使它驅動 A、B 兩條生產線，如此一來，一旦 A 完蛋，B 也得跟著報銷。同時，遇到要 A 不要 B 時，B 線千萬別開動。

依照告示牌方式的倉庫，雖然品種可能很多，量卻不會多，因此，倉庫的設計以寬淺為原則。

5 要確實的改善作業

改善的方案一旦決定，就要付諸實施，有很多事不試試的話根本就不知道結果。例如：為了節省浪費把四個人的作業減少到三個人，待把作業分配給三人以後，往往會餘下 0.1 人工的作業。如果強迫他們做下去的話，很可能會引起作業員的抗議，並會招致強制勞動之嫌。如果就此放棄的話一切都完了。

改善以結果最重要。既然幹了就得耐心地做下去，一直到能夠減少人員為止。如果欲騰出 15 秒時間的話，不妨縮短步行的距離，靠近零件放置場，使搬運車變小，或者使按鈕式變成 one touch 式，使製品的取出變成自動，把工具吊起來等等，方法可說是相當的多。總之，必需耐心地動用腦筋，往往能夠從不經意的事情中獲得啟示，而設計出良好的方策。

另一件要點是：改善的方案必需具有定性才可以。改善的事必需訂立標準，立刻付諸實施。沒有定性的應景方策毫無用處。改善設備、工具時，必需盯著它們看，一直到它們能夠完全地被使用為止。至於雙具交換，模型改變等的標準作業，從設定標準到完全精通為止，必需不斷改良「標準」的缺點，一直到令人滿意為止。

不管再好的改善方策，如果沒有作業員協助的話，實在很難實現。為了獲得作業員的充分理解與協助，必需注意以下的兩點。

1. 使作業員知道他有空閒

必需等待的作業員，使他在等待的時間裏不必做任何事情，只要他站著就可以。例如生產線以 1 分鐘週期時間轉動，他自己負責範圍的作業在 40 秒就完成的話，剩下來的 20 秒鐘不必叫他做任何事，只任由他站著。如此一來，大家都會知道他有空閒，就算再增加一項作業，他也不致於埋怨。

2. 減少人員時，應從優秀者減起

通常的主管都會抽掉作業方面笨的人、不聽使喚的人以及不熟練的人。如此做的話，他再經過多久也成長不了，同時會感到他人的取笑而萌生反抗的心理。抽掉成績不好的人表示道德觀念的低下，反過來說。抽掉成績良好的人，往往能獲得作業員積極的協助。

6 如何削減不必要的作業人員

在豐田的生產現場，是以「週期時間」及「多能工」來達成削減作業員人數的目的。

1.週期時間(Cycle time)的形成

所謂「週期時間」也可以說是「節奏(Rhythm)」。

這個「節奏」也可以說是在生產現場的「流程」。只要流程順暢，作業員的效率就會提高，員工人數也可因而減少了。

例如，豐田的主要車種 A、B、C、D，在三個月間的生產量與

一天平均的生產部數如下：

D	C	B	A	車種
44000	53000	204000	63000	三個月生產量
587	707	2720	840	一天平均生產量

將以上三個月的生產量除 3，再把所得的數字除以 25，就是平均一天的生產量。而依據一天生產量所求得的現場作業時間，即為「週期時間。」

當輸送帶輸送零件的速度與週期時間搭配得天衣無縫時，生產流程就能達到順暢的境界，而達到「省人化」的目的。

豐田一向強調生產流程必須順暢，但這種流程並不是不能停止的，而使它停止的方法，就是使用「指示燈。」

所謂「指示燈」，是指紅與黃兩色的燈光而言。這個構想是來自明治初期日本所使用的「燈籠」。豐田的指示燈構造如圖 17-6-1。

圖 17-6-1　指示燈的具體例子

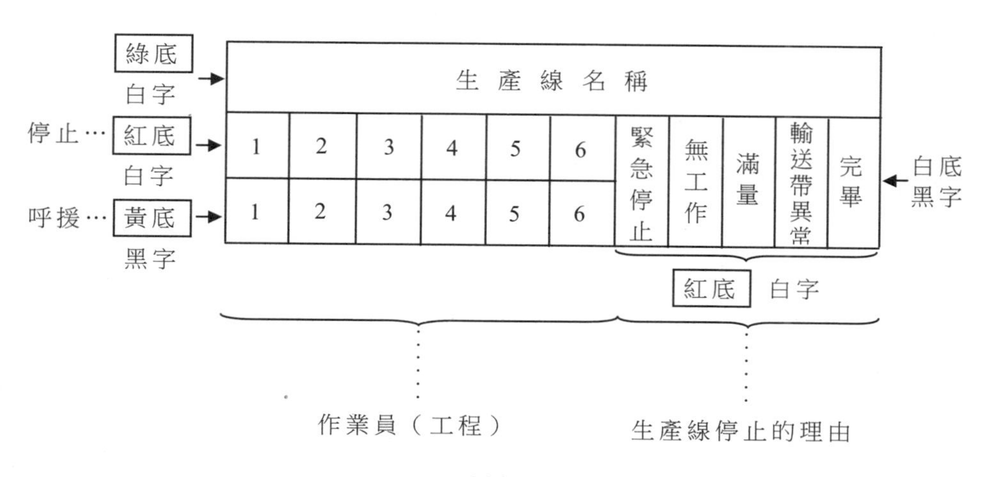

當輸送帶流動的時候，作業員背後的指示燈正隨時待命。如果作業員發現自己所擔負的作業，即將趕不上「週期時間」(即輸送帶流動速度)時，就按下黃色指示燈開關。這時組長看到黃燈亮了，就會立即過去支持，以維持流程的順暢。

如果作業員在自己負責的部份(或前一工程部份)發現異常時，馬上按紅色指示燈，那麼輸送帶會停上，整個工廠流程也會因而中斷。這時，豐田會徹底檢查異常的情形，並採取防止再度發生的措施，這就是一種「異常管理」。

在這裏值得一提的是，豐田指示燈的設立是以「信賴」為基礎。這種信賴可分為下列三點：

⑴相信作業員絕不會為了追問自己的延遲而按紅色指示燈。這是一種對人性的信賴。如果作業員都是不忠實的懶惰蟲，那麼紅色指示燈就可能會亮個不停，而造成公司很大的損失。

⑵就是對現場作業人員技術的信賴，也就是認為每一個作業員都具有「發現異常」的能力。如果對管理人員或負責人賦與這種信賴，並沒有什麼令人驚訝之處，但豐田卻讓每個作業員都擁有把整條生產線停止的權限，就令人不得不佩服他們的勇氣了。

⑶對協力廠及外包廠商的信賴。如果協力廠或外包廠商供給的零件有瑕疵、不良時，那麼紅色指示燈也會立即亮起，生產也就無法進行了。

生產流程的順暢，是豐田的命脈所在，因此豐田對於每一名作業員、每一家協力廠都要求他們要有最好的效率及品質，這是豐田的一貫政策。

圖 17-6-2　U字型佈置的例子

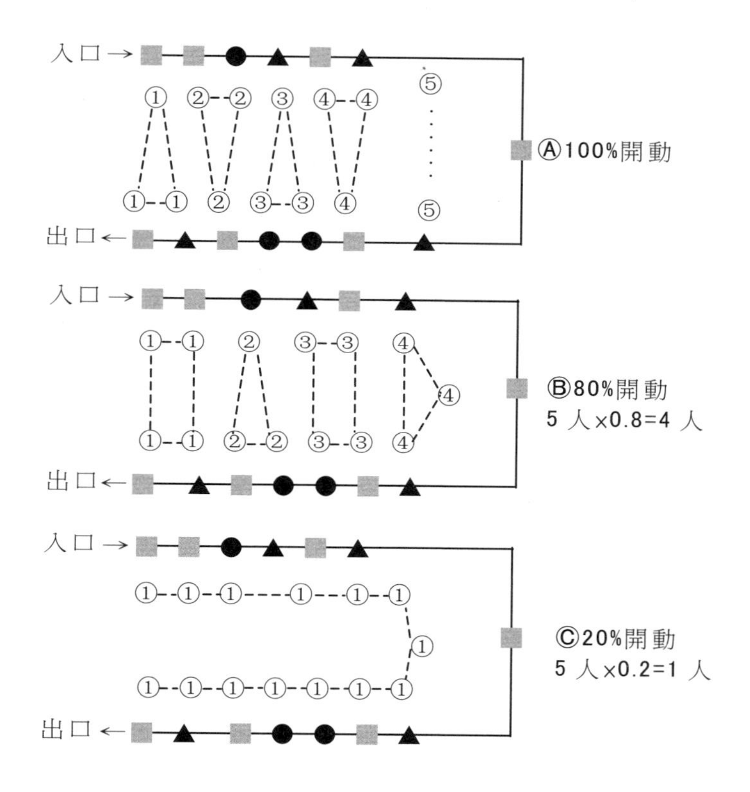

現在再以豐田的現場事例來加以說明。

在製造六種零件(A～F)的生產在線，一月份的週期時間為 1 個/分鐘，而二月份卻成為 1 個/1.2 分鐘，因此將作業員操作的機器及行走路線加以變更，結果作業員從八個人減為六個人，也就是節省了兩個人。如果是直線型的工廠佈置，延長 0.2 分鐘的週期時間，只不過是個零星尾數，恐怕無法減少兩個人。這種靈活調整作業人數的方法，豐田稱之為「省人化」，而這就是應付市場需求變動及降低成本的有力手段。

總而言之，豐田的「U 字型佈置」在景氣低迷、需求偏向於多樣少量的今日，其重要性顯得格外突出。

心得欄

112	員工招聘技巧	360 元
113	員工績效考核技巧	360 元
114	職位分析與工作設計	360 元
116	新產品開發與銷售	400 元
122	熱愛工作	360 元
124	客戶無法拒絕的成交技巧	360 元
125	部門經營計劃工作	360 元
129	邁克爾•波特的戰略智慧	360 元
130	如何制定企業經營戰略	360 元
132	有效解決問題的溝通技巧	360 元
135	成敗關鍵的談判技巧	360 元
137	生產部門、行銷部門績效考核手冊	360 元
138	管理部門績效考核手冊	360 元
139	行銷機能診斷	360 元
140	企業如何節流	360 元
141	責任	360 元
142	企業接棒人	360 元
144	企業的外包操作管理	360 元
146	主管階層績效考核手冊	360 元
147	六步打造績效考核體系	360 元
148	六步打造培訓體系	360 元
149	展覽會行銷技巧	360 元
150	企業流程管理技巧	360 元
152	向西點軍校學管理	360 元
154	領導你的成功團隊	360 元
155	頂尖傳銷術	360 元
156	傳銷話術的奧妙	360 元
160	各部門編制預算工作	360 元
163	只為成功找方法，不為失敗找藉口	360 元
167	網路商店管理手冊	360 元
168	生氣不如爭氣	360 元
170	模仿就能成功	350 元
171	行銷部流程規範化管理	360 元
172	生產部流程規範化管理	360 元
174	行政部流程規範化管理	360 元
176	每天進步一點點	350 元
181	速度是贏利關鍵	360 元
183	如何識別人才	360 元
184	找方法解決問題	360 元
185	不景氣時期，如何降低成本	360 元
186	營業管理疑難雜症與對策	360 元
187	廠商掌握零售賣場的竅門	360 元
188	推銷之神傳世技巧	360 元
189	企業經營案例解析	360 元
191	豐田汽車管理模式	360 元
192	企業執行力（技巧篇）	360 元
193	領導魅力	360 元
198	銷售說服技巧	360 元
199	促銷工具疑難雜症與對策	360 元
200	如何推動目標管理（第三版）	390 元
201	網路行銷技巧	360 元
202	企業併購案例精華	360 元
204	客戶服務部工作流程	360 元
206	如何鞏固客戶（增訂二版）	360 元
208	經濟大崩潰	360 元
209	鋪貨管理技巧	360 元
210	商業計劃書撰寫實務	360 元
212	客戶抱怨處理手冊（增訂二版）	360 元
214	售後服務處理手冊（增訂三版）	360 元
215	行銷計劃書的撰寫與執行	360 元
216	內部控制實務與案例	360 元
217	透視財務分析內幕	360 元
219	總經理如何管理公司	360 元
222	確保新產品銷售成功	360 元
223	品牌成功關鍵步驟	360 元
224	客戶服務部門績效量化指標	360 元
226	商業網站成功密碼	360 元
228	經營分析	360 元
229	產品經理手冊	360 元
230	診斷改善你的企業	360 元
231	經銷商管理手冊（增訂三版）	360 元
232	電子郵件成功技巧	360 元
233	喬•吉拉德銷售成功術	360 元
234	銷售通路管理實務〈增訂二版〉	360 元
235	求職面試一定成功	360 元
236	客戶管理操作實務〈增訂二版〉	360 元
237	總經理如何領導成功團隊	360 元

238	總經理如何熟悉財務控制	360 元
239	總經理如何靈活調動資金	360 元
240	有趣的生活經濟學	360 元
241	業務員經營轄區市場（增訂二版）	360 元
242	搜索引擎行銷	360 元
243	如何推動利潤中心制度（增訂二版）	360 元
244	經營智慧	360 元
245	企業危機應對實戰技巧	360 元
246	行銷總監工作指引	360 元
247	行銷總監實戰案例	360 元
248	企業戰略執行手冊	360 元
249	大客戶搖錢樹	360 元
250	企業經營計劃〈增訂二版〉	360 元
251	績效考核手冊	360 元
252	營業管理實務（增訂二版）	360 元
253	銷售部門績效考核量化指標	360 元
254	員工招聘操作手冊	360 元
255	總務部門重點工作（增訂二版）	360 元
256	有效溝通技巧	360 元
257	會議手冊	360 元
258	如何處理員工離職問題	360 元
259	提高工作效率	360 元
261	員工招聘性向測試方法	360 元
262	解決問題	360 元
263	微利時代制勝法寶	360 元
264	如何拿到 VC（風險投資）的錢	360 元
265	如何撰寫職位說明書	360 元
267	促銷管理實務〈增訂五版〉	360 元
268	顧客情報管理技巧	360 元
269	如何改善企業組織績效〈增訂二版〉	360 元
270	低調才是大智慧	360 元
272	主管必備的授權技巧	360 元
274	人力資源部流程規範化管理（增訂三版）	360 元
275	主管如何激勵部屬	360 元
276	輕鬆擁有幽默口才	360 元
277	各部門年度計劃工作（增訂二版）	360 元
278	面試主考官工作實務	360 元
279	總經理重點工作（增訂二版）	360 元
282	如何提高市場佔有率（增訂二版）	360 元
283	財務部流程規範化管理（增訂二版）	360 元
284	時間管理手冊	360 元
285	人事經理操作手冊（增訂二版）	360 元
286	贏得競爭優勢的模仿戰略	360 元
287	電話推銷培訓教材（增訂三版）	360 元
288	贏在細節管理（增訂二版）	360 元
289	企業識別系統 CIS（增訂二版）	360 元
290	部門主管手冊（增訂五版）	360 元
291	財務查帳技巧（增訂二版）	360 元
292	商業簡報技巧	360 元
293	業務員疑難雜症與對策（增訂二版）	360 元
294	內部控制規範手冊	360 元
295	哈佛領導力課程	360 元

《商店叢書》

5	店員販賣技巧	360 元
10	賣場管理	360 元
18	店員推銷技巧	360 元
29	店員工作規範	360 元
30	特許連鎖業經營技巧	360 元
35	商店標準操作流程	360 元
36	商店導購口才專業培訓	360 元
37	速食店操作手冊〈增訂二版〉	360 元
38	網路商店創業手冊〈增訂二版〉	360 元
40	商店診斷實務	360 元
41	店鋪商品管理手冊	360 元
42	店員操作手冊（增訂三版）	360 元
43	如何撰寫連鎖業營運手冊〈增訂二版〉	360 元

44	店長如何提升業績〈增訂二版〉	360 元
45	向肯德基學習連鎖經營〈增訂二版〉	360 元
46	連鎖店督導師手冊	360 元
47	賣場如何經營會員制俱樂部	360 元
48	賣場銷量神奇交叉分析	360 元
49	商場促銷法寶	360 元
50	連鎖店操作手冊（增訂四版）	360 元
51	開店創業手冊〈增訂三版〉	360 元
52	店長操作手冊（增訂五版）	360 元
53	餐飲業工作規範	360 元
54	有效的店員銷售技巧	360 元
55	如何開創連鎖體系〈增訂三版〉	360 元
56	開一家穩賺不賠的網路商店	360 元

《工廠叢書》

5	品質管理標準流程	380 元
9	ISO 9000 管理實戰案例	380 元
10	生產管理制度化	360 元
11	ISO 認證必備手冊	380 元
12	生產設備管理	380 元
13	品管員操作手冊	380 元
15	工廠設備維護手冊	380 元
16	品管圈活動指南	380 元
17	品管圈推動實務	380 元
20	如何推動提案制度	380 元
24	六西格瑪管理手冊	380 元
30	生產績效診斷與評估	380 元
32	如何藉助 IE 提升業績	380 元
35	目視管理案例大全	380 元
38	目視管理操作技巧（增訂二版）	380 元
46	降低生產成本	380 元
47	物流配送績效管理	380 元
49	6S 管理必備手冊	380 元
51	透視流程改善技巧	380 元
55	企業標準化的創建與推動	380 元
56	精細化生產管理	380 元
57	品質管制手法〈增訂二版〉	380 元
58	如何改善生產績效〈增訂二版〉	380 元
63	生產主管操作手冊（增訂四版）	380 元
64	生產現場管理實戰案例〈增訂二版〉	380 元
65	如何推動 5S 管理（增訂四版）	380 元
67	生產訂單管理步驟〈增訂二版〉	380 元
68	打造一流的生產作業廠區	380 元
70	如何控制不良品〈增訂二版〉	380 元
71	全面消除生產浪費	380 元
72	現場工程改善應用手冊	380 元
75	生產計劃的規劃與執行	380 元
77	確保新產品開發成功（增訂四版）	380 元
78	商品管理流程控制（增訂三版）	380 元
79	6S 管理運作技巧	380 元
80	工廠管理標準作業流程〈增訂二版〉	380 元
81	部門績效考核的量化管理（增訂五版）	380 元
82	採購管理實務〈增訂五版〉	380 元
83	品管部經理操作規範〈增訂二版〉	380 元
84	供應商管理手冊	380 元
85	採購管理工作細則〈增訂二版〉	380 元
86	如何管理倉庫（增訂七版）	380 元
87	物料管理控制實務〈增訂二版〉	380 元
88	豐田現場管理技巧	380 元

《醫學保健叢書》

1	9 週加強免疫能力	320 元
3	如何克服失眠	320 元
4	美麗肌膚有妙方	320 元
5	減肥瘦身一定成功	360 元
6	輕鬆懷孕手冊	360 元
7	育兒保健手冊	360 元
8	輕鬆坐月子	360 元
11	排毒養生方法	360 元
12	淨化血液　強化血管	360 元
13	排除體內毒素	360 元

14	排除便秘困擾	360 元
15	維生素保健全書	360 元
16	腎臟病患者的治療與保健	360 元
17	肝病患者的治療與保健	360 元
18	糖尿病患者的治療與保健	360 元
19	高血壓患者的治療與保健	360 元
22	給老爸老媽的保健全書	360 元
23	如何降低高血壓	360 元
24	如何治療糖尿病	360 元
25	如何降低膽固醇	360 元
26	人體器官使用說明書	360 元
27	這樣喝水最健康	360 元
28	輕鬆排毒方法	360 元
29	中醫養生手冊	360 元
30	孕婦手冊	360 元
31	育兒手冊	360 元
32	幾千年的中醫養生方法	360 元
34	糖尿病治療全書	360 元
35	活到 120 歲的飲食方法	360 元
36	7 天克服便秘	360 元
37	為長壽做準備	360 元
39	拒絕三高有方法	360 元
40	一定要懷孕	360 元
41	提高免疫力可抵抗癌症	360 元
42	生男生女有技巧〈增訂三版〉	360 元

《培訓叢書》

11	培訓師的現場培訓技巧	360 元
12	培訓師的演講技巧	360 元
14	解決問題能力的培訓技巧	360 元
15	戶外培訓活動實施技巧	360 元
16	提升團隊精神的培訓遊戲	360 元
17	針對部門主管的培訓遊戲	360 元
18	培訓師手冊	360 元
20	銷售部門培訓遊戲	360 元
21	培訓部門經理操作手冊（增訂三版）	360 元
22	企業培訓活動的破冰遊戲	360 元
23	培訓部門流程規範化管理	360 元
24	領導技巧培訓遊戲	360 元
25	企業培訓遊戲大全(增訂三版)	360 元
26	提升服務品質培訓遊戲	360 元
27	執行能力培訓遊戲	360 元

《傳銷叢書》

4	傳銷致富	360 元
5	傳銷培訓課程	360 元
7	快速建立傳銷團隊	360 元
10	頂尖傳銷術	360 元
11	傳銷話術的奧妙	360 元
12	現在輪到你成功	350 元
13	鑽石傳銷商培訓手冊	350 元
14	傳銷皇帝的激勵技巧	360 元
15	傳銷皇帝的溝通技巧	360 元
17	傳銷領袖	360 元
18	傳銷成功技巧（增訂四版）	360 元
19	傳銷分享會運作範例	360 元

《幼兒培育叢書》

1	如何培育傑出子女	360 元
2	培育財富子女	360 元
3	如何激發孩子的學習潛能	360 元
4	鼓勵孩子	360 元
5	別溺愛孩子	360 元
6	孩子考第一名	360 元
7	父母要如何與孩子溝通	360 元
8	父母要如何培養孩子的好習慣	360 元
9	父母要如何激發孩子學習潛能	360 元
10	如何讓孩子變得堅強自信	360 元

《成功叢書》

1	猶太富翁經商智慧	360 元
2	致富鑽石法則	360 元
3	發現財富密碼	360 元

《企業傳記叢書》

1	零售巨人沃爾瑪	360 元
2	大型企業失敗啟示錄	360 元
3	企業併購始祖洛克菲勒	360 元
4	透視戴爾經營技巧	360 元
5	亞馬遜網路書店傳奇	360 元
6	動物智慧的企業競爭啟示	320 元
7	CEO 拯救企業	360 元
8	世界首富 宜家王國	360 元
9	航空巨人波音傳奇	360 元

10	傳媒併購大亨	360 元

《智慧叢書》

1	禪的智慧	360 元
2	生活禪	360 元
3	易經的智慧	360 元
4	禪的管理大智慧	360 元
5	改變命運的人生智慧	360 元
6	如何吸取中庸智慧	360 元
7	如何吸取老子智慧	360 元
8	如何吸取易經智慧	360 元
9	經濟大崩潰	360 元
10	有趣的生活經濟學	360 元
11	低調才是大智慧	360 元

《DIY 叢書》

1	居家節約竅門 DIY	360 元
2	愛護汽車 DIY	360 元
3	現代居家風水 DIY	360 元
4	居家收納整理 DIY	360 元
5	廚房竅門 DIY	360 元
6	家庭裝修 DIY	360 元
7	省油大作戰	360 元

《財務管理叢書》

1	如何編制部門年度預算	360 元
2	財務查帳技巧	360 元
3	財務經理手冊	360 元
4	財務診斷技巧	360 元
5	內部控制實務	360 元
6	財務管理制度化	360 元
8	財務部流程規範化管理	360 元
9	如何推動利潤中心制度	360 元

為方便讀者選購，本公司將一部分上述圖書又加以專門分類如下：

《企業制度叢書》

1	行銷管理制度化	360 元
2	財務管理制度化	360 元
3	人事管理制度化	360 元
4	總務管理制度化	360 元
5	生產管理制度化	360 元
6	企劃管理制度化	360 元

《主管叢書》

1	部門主管手冊（增訂五版）	360 元
2	總經理行動手冊	360 元
4	生產主管操作手冊	380 元
5	店長操作手冊（增訂五版）	360 元
6	財務經理手冊	360 元
7	人事經理操作手冊	360 元
8	行銷總監工作指引	360 元
9	行銷總監實戰案例	360 元

《總經理叢書》

1	總經理如何經營公司(增訂二版)	360 元
2	總經理如何管理公司	360 元
3	總經理如何領導成功團隊	360 元
4	總經理如何熟悉財務控制	360 元
5	總經理如何靈活調動資金	360 元

《人事管理叢書》

1	人事經理操作手冊	360 元
2	員工招聘操作手冊	360 元
3	員工招聘性向測試方法	360 元
4	職位分析與工作設計	360 元
5	總務部門重點工作	360 元
6	如何識別人才	360 元
7	如何處理員工離職問題	360 元
8	人力資源部流程規範化管理（增訂三版）	360 元
9	面試主考官工作實務	360 元
10	主管如何激勵部屬	360 元
11	主管必備的授權技巧	360 元
12	部門主管手冊（增訂五版）	360 元

《理財叢書》

1	巴菲特股票投資忠告	360 元
2	受益一生的投資理財	360 元
3	終身理財計劃	360 元
4	如何投資黃金	360 元
5	巴菲特投資必贏技巧	360 元
6	投資基金賺錢方法	360 元
7	索羅斯的基金投資必贏忠告	360 元
8	巴菲特為何投資比亞迪	360 元

《網路行銷叢書》

1	網路商店創業手冊〈增訂二版〉	360 元
2	網路商店管理手冊	360 元
3	網路行銷技巧	360 元
4	商業網站成功密碼	360 元
5	電子郵件成功技巧	360 元
6	搜索引擎行銷	360 元

《企業計劃叢書》

1	企業經營計劃〈增訂二版〉	360 元
2	各部門年度計劃工作	360 元
3	各部門編制預算工作	360 元
4	經營分析	360 元
5	企業戰略執行手冊	360 元

《經濟叢書》

1	經濟大崩潰	360 元
2	石油戰爭揭秘(即將出版)	

工廠叢書 (88)　　售價：380 元

豐田現場管理技巧

西元二〇一三年十一月　　初版一刷

編輯指導：黃憲仁

編著：朱偉明

策劃：麥可國際出版有限公司（新加坡）

編輯：蕭玲

校對：劉飛娟

發行人：黃憲仁

發行所：憲業企管顧問有限公司

電話：(02) 2762-2241　(03) 9310960　0930872873

電子郵件聯絡信箱：huang2838@yahoo.com.tw

銀行 ATM 轉帳：合作金庫銀行　帳號：5034-717-347447

郵政劃撥：18410591　憲業企管顧問有限公司

登記證：行政業新聞局版台業字第 6380 號

圖書編號 ISBN：978-986-6084-83-6